炉外常用容器的保温研究

刘诗薇　著

北　京

冶 金 工 业 出 版 社

2021

内 容 提 要

本书通过数学模拟方法分析了铁水和钢水在鱼雷罐车和钢包中产生热量损失的原因，并从诸多影响因素中寻求减少热量损失的有效办法和途径。在数学模拟的基础上，以 SiO_2 为基体材料制备了纳米微孔绝热材料，并将其应用于鱼雷罐车和钢包中作为保温层，一定程度上提升其保温性能。

本书可供从事炉外设备保温的科研人员、工程技术人员、管理人员及高校相关专业师生阅读参考。

图书在版编目（CIP）数据

炉外常用容器的保温研究/刘诗薇著. —北京：冶金工业出版社，2021.8

ISBN 978-7-5024-8923-6

Ⅰ.①炉… Ⅱ.①刘… Ⅲ.①冶金炉—保温—研究

Ⅳ.①TF06

中国版本图书馆 CIP 数据核字（2021）第 180601 号

出 版 人　苏长永
地　　址　北京市东城区嵩祝院北巷 39 号　邮编　100009　电话　(010)64027926
网　　址　www.cnmip.com.cn　电子信箱　yjcbs@cnmip.com.cn
责任编辑　曾　媛　美术编辑　吕欣童　版式设计　郑小利
责任校对　葛新霞　责任印制　禹　蕊
ISBN 978-7-5024-8923-6
冶金工业出版社出版发行；各地新华书店经销；北京中恒海德彩色印刷有限公司印刷
2021 年 8 月第 1 版，2021 年 8 月第 1 次印刷
710mm×1000mm　1/16；7.25 印张；141 千字；108 页
79.00 元
冶金工业出版社　投稿电话　(010)64027932　投稿信箱　tougao@cnmip.com.cn
冶金工业出版社营销中心　电话　(010)64044283　传真　(010)64027893
冶金工业出版社天猫旗舰店　yjgycbs.tmall.com
（本书如有印装质量问题，本社营销中心负责退换）

前　　言

近年来，炉外处理技术已逐渐成为钢铁生产流程和钢铁产品高质量的标志。为了保证冶金工艺流程的顺利进行和产品质量，炉外处理每一道工序结束后的铁水和钢水温度都必须得到应有的保证。然而，炉外处理工艺的迅速发展和炼钢工艺的多样化使得大量高密度、高热导率的耐火材料被应用于冶金容器中，这极大地增加了炼钢过程中的能耗，导致铁水和钢水温度很难达到预定的标准。铁水和钢水的温度与其盛装容器的保温效果密切相关，提高容器的保温效果，对降低熔融金属的输运、冶炼能耗，保证相关工序温度要求均具有重要意义。

鱼雷罐车和钢包是冶金工业的重要热工容器，主要起着盛接、转运、储存、精炼和浇注熔融金属的作用。其保温性能不但直接影响熔融金属的温度，同时还会对冶炼过程、钢材质量以及经济效益和生产安全产生重要影响。虽然影响熔融金属温度的因素是多方面的，但是，通过改变容器内衬材料种类和组成结构以降低熔融金属在生产过程中不必要的热量损失是目前冶金生产过程节能降耗研究的重点之一。

本书系统介绍了鱼雷罐车和钢包的保温研究现状，结合数学模拟方法分析了铁水和钢水在鱼雷罐车和钢包中产生热量损失的原因，提出了减少热量损失的有效办法和途径。内容包括鱼雷罐车和钢包的保温研究现状及展望，数学模拟分析方法在容器保温研究上的应用，鱼雷罐车运输过程中铁水温降的研究，钢包内钢水温降的研究，SiO_2 纳米微孔绝热材料的研究，以及 SiO_2 纳米微孔绝热材料在鱼雷罐车和钢包中的保温应用，为冶金过程特别是炉外处理过程容器的保温改造和节能降耗研究提供技术参考和借鉴。

　　本书由刘诗薇承担主要编写工作，并负责全书统稿；东北大学杜传明副教授负责第3章的编写；辽宁科技大学韩露副教授负责第4章的编写。

　　本书的出版得到国家自然科学基金（51704223）、西安建筑科技大学一流专业子项目（YLZY0802K05）的资助，也获得了陕西省黄金与资源重点实验室、陕西省冶金工程技术研究中心及西安建筑科技大学冶金工程学院的大力支持，在此一并表示衷心的感谢。

　　由于作者水平所限，书中不足之处在所难免，恳请广大读者批评指正。

刘诗薇

2021 年 7 月

目　　录

1 绪　　论

炉外处理技术（也称炉外精炼）是指以更加经济、有效的方法分担冶炼炉（如高炉、转炉）的部分功能，在与冶金炉分立的适当容器（如鱼雷罐车、钢包）中对铁水和钢水的物理与化学性能进行改进，从而使冶金流程更为高效、顺畅的工艺装备技术[1]。炉外处理技术（包括铁水预处理和炉外精炼）是现代炼钢流程中的重要环节，自 20 世纪 80 年代以来已逐渐成为钢铁生产流程水平和钢铁产品高质量的标志[2]。在现代冶金过程中，为了保证流程的顺利进行，炉外处理每一道工序结束后的铁水和钢水温度都必须得到应有的保证，然而在实际生产过程中，随着铁水预处理工艺的迅速发展和炼钢工艺的多样化，大量高密度、高热导率的耐火材料被应用于鱼雷罐车和钢包中，极大地增加了炼钢过程中的能耗，导致铁水和钢水温度很难达到预定的标准[3]。

加强铁水保温能够带来巨大的经济效益。首先，近年来几乎所有钢厂都采用了脱硫工艺，脱硫要求铁水温度不低于1350℃，而到达脱硫站时的铁水温度国内钢厂有 40% 达不到 1250℃，有 60% 达不到 1300℃，这就必须在铁水预脱硫前对铁水加热，这大大增加了炼钢生产的能耗。其次，铁水兑入转炉前的温度也会影响转炉的废钢加入量。据相关报道，对于年产 400 万吨的钢铁企业，如转炉入炉铁水温度提高 30℃，每年可为企业带来 1500 万元的经济效益[4]。

减少钢水温降同样可以降低出钢温度，减少炼钢能耗。在炉外精炼过程中，减少钢水温降不仅能降低不必要的能耗，同时也有利于对钢水温度的控制，进而保证炼钢流程的顺利进行。

综上所述，为保证实际生产的顺利进行，对炉外处理过程中铁水和钢水温度的控制是十分必要的。研究表明[5-7]，在实际生产过程中，铁水和钢水的温度与其盛装容器（如鱼雷罐车和钢包）的保温效果密切相关。本书选取盛装铁水的容器——鱼雷罐车，以及钢水炉外精炼的盛装容器——钢包作为研究对象，通过数学模拟的方法考察影响铁水及钢水在鱼雷罐车和钢包中产生温度下降的主要因素，研究开发一种新型隔热耐火材料，以降低炉外冶炼盛装容器的温降，并对其隔热效果进行考察。

1.1　鱼　雷　罐　车

鱼雷罐车（又称鱼雷型混铁车）与铁水包都是常用的铁水运输专用冶金设备，其结构如图 1-1 所示。

图 1-1 鱼雷罐车和铁水包

应用鱼雷罐车可在铁水运输过程中按照钢铁炼制的工艺过程进行铁水混合、保温、脱磷、脱硫等处理，从而可以缩短冶炼时间，降低冶炼成本，并可以协调炼铁与炼钢临时出现的不平衡状态，对生产节奏起到很大的缓冲作用[8]。与铁水包相比，鱼雷罐车具有以下几个优点[9]：

（1）保温能力强。鱼雷罐车内的铁水在运输过程中的温度下降幅度远小于铁水包，如图 1-2 所示。根据现场测得的数据可知，宝钢 320t 鱼雷罐车静止状态下，罐内铁水温降速率为 0.20~0.23℃/min，运行状态下，罐内铁水的温降速率为 0.27~0.40℃/min；而沙钢铁水包静止状态下，铁水温降速率为 0.79℃/min，运动状态温降速率为 0.89℃/min[10]。

（2）大型化。随着钢铁企业的大型化和节能环保技术的发展，高炉、转炉容积不断增大，鱼雷罐车也呈现大型化趋势。国内鱼雷罐车其容量一般为 150t、260t 和 320t 等。目前，世界上鱼雷罐车的最大容量已达 650t。由于受车辆尺寸

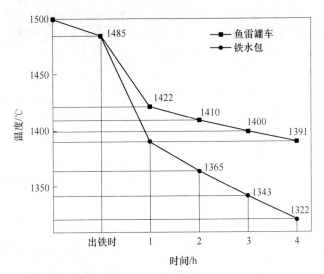

图 1-2　鱼雷罐车与铁水包运输铁水温降曲线[11]

的限制，常用铁水罐容积多小于 150t。鱼雷罐车的容积越大，相应地运输相同的铁水量需要的车次越少，相对运输成本也越低。

（3）使用寿命长。鱼雷罐车寿命可达 1200 次，这比敞口铁水包的内衬寿命长得多，耳轴寿命也比较长。

（4）经济。由于鱼雷罐车保温性能好，内壁结壳少，因此不必花费人力和时间去清除罐内黏着物，节约了维修费用；倒罐残渣无需每次排出，减少了排渣作业量；另外，它也不像铁水车那样必须使用焦粉，又可节省一笔焦粉费。

1.1.1　鱼雷罐车的应用

欧美先后从 1910 年和 1916 年开始研制并使用鱼雷罐车，日本于 1961 年从德国引进 130t 鱼雷罐车技术[9]。我国把鱼雷罐车作为铁水运输和预处理设备的时间不长，在 20 世纪 80 年代中期由宝钢率先引进鱼雷罐车，并应用于铁水运输流程[12]。1986 年根据新产品设计试验项目，大连重机厂完成了 180t 鱼雷罐车方案设计。但国内各大炼铁厂使用的鱼雷罐车大多依赖进口。进入 90 年代之后，鱼雷罐车的载重量逐渐向大型化迈进，我国钢铁企业逐步开始使用 260t、320t 和 376t 鱼雷罐车，如宝钢股份公司、武钢第三炼钢厂、鞍钢炼铁厂、天津钢铁有限公司炼铁厂等大型钢铁企业。

目前，鱼雷罐车呈现如下发展趋势：

（1）大型化、重载化。最初的鱼雷罐车与铁水包的容量相差不大，多为 100t 左右。随着欧美鱼雷罐车的发展，法国的鱼雷罐车目前已经增容至 450t；日本从

1961 年开始使用容量为 130t 的鱼雷罐车，后来扩大至 350t，目前最大容量为 600t。德国和英国鱼雷罐车的容量也已经由 150t 逐步扩大到目前的 600t。鱼雷罐车向大型化发展的主要原因是为了与高炉、转炉大型化的趋势相适应。

（2）铁水预处理。人们对于钢材质量要求的不断提高，使铁水预处理技术飞速发展。目前，新一代钢铁流程多采用全量铁水"三脱"预处理工艺，从而加快转炉生产节奏，实现紧凑、高效和节能的循环型炼钢生产模式，高效、低成本地生产洁净钢。

在国外，铁水预处理的发展可分为三个时期，即实验期、发展期和成熟期[13]。实验期的铁水预处理方法很多，但除 KR 法外，其他多数试验均因其效率低、温降大或炉衬寿命短等原因被淘汰。进入发展期，铁水预处理的方法逐渐规范化，到 20 世纪 80 年代，世界先进钢铁企业都采用了"三脱"工艺，铁水处理量在 20%～100% 不等。平均约 80% 的铁水要经过炉外脱硫处理，50% 左右经过脱硅处理，40% 以上的铁水经过脱磷处理。成熟期是指 20 世纪 90 年代至今，主要表现在铁水预处理工艺的日趋成熟，目前，预脱磷前还需预脱硅，即将铁水含硅量脱至 0.1%～0.15%，以确保脱磷效果。

从 1976 年武钢引进 KR 脱硫装置开始，我国的铁水预处理技术在我国迅速发展。1985 年宝钢引进了日本新日铁的 TDS 法，1988 年太钢引进了铁水"三脱"技术并建成铁水预处理站，1998 年本钢引进了加拿大霍戈文厂工艺和美国罗斯波格喷粉设备，建成石灰加镁粉复合喷吹脱硫站，1999 年鞍钢二炼钢也从美国引进石灰加镁粉复合喷粉设备[14]。

铁水预处理工艺在我国发展迅速，但由于期间国内钢材市场价格两次剧烈波动，铁水预处理的发展也受到了极大影响，使得现在我国大部分企业的钢材质量与日本、欧美等国的差距仍停留在 80 年代中期水平[15]。目前，我国各钢铁企业的铁水预处理水平不均衡，宝钢和武钢已接近国际先进水平。而国内多数钢铁企业铁水预处理工艺与国际相比仍有一定差距。钢铁企业为方便在鱼雷罐车中进行铁水预脱硫或铁水预脱硫+铁水预脱磷操作，鱼雷罐车已经由单纯的铁水盛装、运输容器成为炉外操作的有效设备之一。

（3）长距离运输。由于鱼雷罐车优良的保温性能，使其成为实现长途铁水运输的首选设备之一，特别是一些资源贫乏，矿石依靠进口的国家。由于这些国家钢铁厂相互分离且相距路程较远，如英国钢铁公司 Cargo Fleet 和 Consete 之间有总长约 100 公里的铁水运输线。鱼雷罐车在长距离运输过程中的优势十分明显，因此更为广泛的应用于长距离运输过程中。

尽管应用鱼雷罐车提高了保温效果，但长距离运输的铁水其温降仍然较大，为适应长途运输的保温要求，如何提高鱼雷罐车的保温性能也日益受到专家学者的关注。

1.1.2 鱼雷罐车的保温研究

在鱼雷罐车运输铁水的过程中，一般要经过受铁、铁水预处理、扒渣、等待、倒铁和空罐回运等阶段。为了进一步降低钢的生产成本，提高钢的质量，国内外钢铁企业大力发展了铁水预处理技术，即铁水脱硅、脱硫、脱磷"三脱"预处理工艺。铁水预处理延长了铁水输送时间，加快了铁水输送过程中的温降速度。目前，有些鱼雷罐车运输终点的铁水温度已不能满足实际生产的需求。相关研究表明[16-18]，如果铁水在输送过程中的温度过低，将会直接影响钢厂的正常生产作业。过高的热损失将严重影响冶炼过程，增加炼铁能耗，降低金属收得率。另外，为了保证鱼雷罐衬的寿命和力学性能，目前的鱼雷罐车常使用高密度、高导热的致密 ASC(Al_2O_3-SiC-C) 砖作为其工作内衬，这使鱼雷罐车长途运输的温降进一步提高。鉴于以上原因，如何减小铁水罐车输运过程中的温降受到国内外业内人士的普遍关注。

国内外学者对鱼雷罐车运输过程中的温降影响因素及保温措施进行了诸多研究。杨圣发等人[19,20]利用二维传热模型对宝钢铁水从高炉到炼钢输送过程中的温度变化进行了仿真模拟计算，将鱼雷罐车内部铁水温度看成一个均匀的温度，将鱼雷罐车看作二维的长方形模型，并对其进行传热的数学模拟，在此基础上建立了鱼雷罐车铁水输送过程的温降预测模型，并对铁水运输过程各环节温降的影响因素进行了研究。

宋利明等人[21]的研究结果表明，在鱼雷罐车内衬添加保温层，是一种简单而有效的减缓铁水温降速率的手段。Frechette 等人[22]应用有限元分析方法对鱼雷罐车三维传热进行了模拟，并指出在鱼雷罐车内添加保温层对鱼雷罐车的保温效果有很大的影响。

影响鱼雷罐车输运过程温降的因素很多，主要包括铁水运输时间、铁水预处理时间、预处理的强度[23]、环境的温度、铁水盛装量、空罐时间以及耐火材料的材质及其厚度[24]等。由于鱼雷罐车用耐火材料的材质及厚度对运输过程中温降有较大的影响，不同的鱼雷罐车在运输过程中的温降也有较大不同。

有学者研究表明[25,26]，对鱼雷罐衬耐火材料进行改进，是提高其保温性能的有效途径之一。韦尔顿钢铁公司将硅酸镁绝热板作为保温层应用到鱼雷罐车，减缓了鱼雷罐车内铁水的温降速率，提高了进入钢包的铁水温度。此外，保温层的引入也降低了鱼雷罐车罐壳温度，进而延长了其使用寿命[27]。台湾中钢公司、宝山钢铁公司等数家大型钢铁公司的生产实践表明，添加保温层不仅可以降低鱼雷罐车罐壳温度，还可以在保证保温效果的前提下减薄耐火衬厚度，从而起到扩容作用。可见，改变鱼雷罐车用耐火材料的材质，是一种行之有效的提高其保温效果的手段。

1.2 钢 包

钢包是冶金工业的重要容器，是连接炼钢和连铸之间的中介容器，起着储存和转运钢水的作用。随着现代冶金技术的不断进步，钢包的作用从原来单纯的储存、转运钢水逐渐转变为用来对初炼炉（电弧炉、转炉）所熔钢水进行精炼，从而起到调节钢水温度，工艺缓冲，满足连铸、连轧等功能的重要冶金设备，其在钢铁冶金企业中的重要作用受到国内外学者的一致认同[28]。

1.2.1 钢包的应用

钢包的应用范围十分广泛，可以说是冶金行业必备的容器之一，进入 20 世纪 70 年代以后，随着连铸技术和生产的迅猛发展，炉外精炼技术被广泛采用[29]。

相关文献研究资料表明，通过改进钢包用耐火材料的材质及其衬体结构是提高钢包寿命的重要手段[30-32]。

传统用钢包黏土砖，其原料普遍，生产工艺简单，价格低廉，能满足一般钢包使用要求，但寿命低，仅为 10 次左右，对于冶炼条件日趋强化，使用要求极为严格的大型钢包，黏土砖已经不能满足其使用需要。

蜡石砖在高温下能生成黏稠性的 SiO_2 液相，随之在受热面形成致密层，防止钢水与炉渣渗入，抗渗透性好，不挂渣，并在高温下具有一定的膨胀性，使砖缝密合，包衬整体性好。蜡石砖导热系数小，但耐渣侵性差，其使用寿命仍然不高，一般为 20 次左右。

高铝砖具有耐火度高、荷重软化点高、抗渣性好、耐侵蚀性好等高温性能，但存在导热系数较高、易黏渣、剥落、结冷钢等弱点。高铝砖的使用寿命较黏土砖和蜡石砖高，但需采取钢包预热、保温、隔热等一系列措施，才能满足使用要求。

铝镁质制品，是利用 α-Al_2O_3 与方镁石细粉之间的高温化学反应而合成的具有铝镁尖晶石的耐火材料。由于在基质中增加了尖晶石相，改善了基质部分的组织结构，使制品具有良好的抗渣侵性能，在高温下呈现较好的热塑性。然而，其整体包衬存在易黏渣、拆包难等问题。为解决此问题，采用碳结合的耐火砖被引入钢包衬。近几年，不烧铝镁碳砖和镁碳砖作为钢包衬耐火材料得到广泛应用。其中，采用镁碳砖的钢包其使用寿命可达 80 次以上。

在以连铸为主的现代钢铁生产企业中，钢包不仅是钢水运输和浇注容器，同时也是炉外精炼的精炼容器。炉外精炼过程延长了钢水在其盛装容器内的滞留时间，过长的滞留时间会大大增加钢水的温降损失，为防止因过长的滞留时间导致钢水温度过低，要求钢水具有更高的出钢温度。而钢水温度的提升，会加剧钢包内衬的侵蚀程度。为了提高钢水的清洁度和钢包使用寿命，高铝、铝镁质或铝镁碳质等热力学性能较高的耐火材料被引入钢包中，并逐渐取代了黏土砖作为钢包包衬耐火材料的主要成分。由于这些耐火材料同时具有较高导热系数，增加了钢水与包衬之间的热量损失。为补偿这部分热损失，必须提高转炉出钢温度，从而增加了炼钢能耗，增大了炼钢成本，因而有必要采取相关措施降低钢包热量损失。

1.2.2 钢包的保温研究

钢水进入钢包后，由于钢水温度较高，与低温的包衬直接接触而损失大量的热，钢包在生产周转过程中的传热，对出钢过程中钢水的温度具有直接影响，进而影响炉外精炼和浇注过程，并最终会影响钢材质量[33]。为了获得稳定的浇注温度以控制产品的最终质量，对钢包各种参数和操作工况下的传热现象和相应的热损失进行研究具有重要意义[34,35]。由于影响钢水温度的因素有很多，如钢包的容量、材料和结构、钢水的出钢温度、出钢时间、钢水表面渣层和覆盖剂等，在不同的工况条件下，钢包内钢水的温度差异较大，且难于控制，造成钢材成品质量参差不齐。因此，对钢包内钢水温降影响因素的分析十分重要[36]。

1993 年，瑞典的 Olika 等人[37]建立了钢水温度预报模型，命名为 TempSim。在 Olika 等人的研究过程中，通过用热电偶测得的钢包循环过程中耐火材料的温度分布情况以确定模型建立所需的钢水初始温度和包衬温度分布等参数，并将实验测得的参数输入 TempSim 作为初始条件，并进一步根据实验结果验证并调整模型。

英国 Teesside 钢铁厂通过对钢包内钢水温度变化的观测记录，发现减少钢水运输过程温降能够带来巨大的经济效益[38]。

野村修等人[39]对不同耐火材料衬的钢包进行了数学模拟。数学模拟以有限单元法为基础，建立二维分析模型，研究将钢包根据热阻的不同分为基准包，保温包（永久层采用隔热材料）和低热导热率包（工作层采用低热导率材料），并分别记录其内衬温度梯度和温度分布，研究结果表明：保温包的内衬温度在同等条件下要高于基准包，绝热性能有所提高。保温包与低导热率包的绝热机理不同。另外，研究也表明，当经过 3 次热循环以后，将达到一种"准稳态"。在这种状态下，工作内衬热面的温度变化只会对热面附近很小的区域造成影响，而对整个钢包的温度场不会造成明显的影响。

金从进等人[40]计算了钢包包壁在烤包状态下的温度分布，并研究了包壁工作层、永久层、保温层的厚度对包壁温度场的影响。

刘晓等人[41]总结了宝钢电炉厂钢包内钢水的温度变化，他们在模拟过程中假定不考虑钢包内壁面的温度差别，也不考虑不同部位之间因物性参数不同而导致的相互传热，将钢包的吸热简化为一维非稳态导热问题。从导热基本方程出发，对宝钢电炉用钢包的吸热规律进行了系统的理论分析与数值模拟，在考察了不同状态下钢包内钢水的温降速率及预热制度下钢包的传热情况后，计算了钢包吸热所导致的出钢温降，并将数值计算结果与实测值进行了对比。

钢包工作周期中其温降影响因素比较多，且实际情况不同而有较大差异，因此，建模时必须首先考虑实际情况，如耐火材料衬的材质、结构、钢包容积、是否覆盖绝热渣层等因素在建模时都需加以考虑。有文献资料表明[42]，根据出钢前后、浇注前后测得的耐火材料中的温度分布情况，可以较为准确地估算出耐火材料衬中的蓄热损失。然而由于钢包的高温作业状态，其工作条件恶劣，现场测温难度较大，因而通过数学模拟对其进行研究分析是一种行之有效的方法。大量研究表明[43,44]，烘包后的钢包在使用几个周期后，包衬的安全层、保温层和钢壳的温度都可以认为达到稳态。

1.3 传热机理

各种传热过程按其传热方式可分为以下三种形式：热传导、热对流、热辐射。它们既可以单独存在，也可以同时发生。其热量传递的物理本质是不同的[45]。

1.3.1 热传导

当鱼雷罐车的罐衬或钢包的包衬内部（耐火材料和钢板）存在温差（即存在温度梯度）时，热量就会从物体的高温部分传递到低温部分。这种接触传热的方式称为热传导。其热传导过程符合傅里叶（Fourier）定律：

$$q = - \lambda \frac{\partial T}{\partial n} \tag{1-1}$$

式中　　q——热流密度，即边界外法线方向单位面积上的热流率，W/m²；

　　　　λ——材料的导热系数，J/(kg·K)；

　　　　$\frac{\partial T}{\partial n}$——边界外法线方向上的温度梯度。

1.3.2 热对流

热对流是指固体表面（钢板、耐火材料）与它周围接触的流体之间由于温差的存在而引起的热量交换。高温物体表面常常发生对流现象。热对流在本研究中具有实际意义，是相对运动着的流体（主要是空气）与所接触的固体壁面之间的热交换过程。其热流密度可用牛顿（Newton）公式表示为：

$$q = \frac{Q}{F} = \alpha(t_w - t_f)$$ (1-2)

式中　　q——热流密度，W/m^2；

$\quad\quad Q$——热流量，W；

$\quad\quad t_w$——壁面温度，℃；

$\quad\quad t_f$——流体平均温度，℃；

$\quad\quad F$——与流体接触的壁面面积，m^2；

$\quad\quad \alpha$——比例系数，称为对流给热系数，$W/(m \cdot K)$。

1.3.3 热辐射

热辐射是指物体发射电磁能，并被气体物体吸收转变为热能的热量交换过程。热传导和热对流都需要传热介质，而热辐射不需要任何介质。一切物体都在不断地向外发射辐射能。物体的温度越高，辐射的能力越强。单位时间内，物体的单位表面积向外辐射的热量称为辐射力，通常用 E 表示。对于理想的辐射体，它的辐射力可按斯蒂芬-玻尔兹曼（Stefan-Boltzman）定律计算：

$$E_b = \sigma_b T^4$$ (1-3)

式中　　E_b——黑体的辐射力，W/m^2；

$\quad\quad \sigma_b$——斯蒂芬-玻尔兹曼常数，其值为 $5.67 \times 10^{-8} W/(m \cdot K)$；

$\quad\quad T$——黑体表面的绝对温度，K。

1.4　数学模拟的应用

在现代钢铁冶金联合企业中，铁水和钢水温度的变化具有重要意义：一方面降低铁水和钢水温降可以达到节能的目的；另一方面，随着铁水预处理技术和炉外精炼技术的日益发展，对铁水和钢水温度的要求也越来越严格。实际生产中，实现温度的准确测量并非一件简单的事情，它与长度、质量等其他物理量的测定不同。无论采用准确度怎样高的温度测量仪器，如果温度测量仪器选择不当，或者测量方法不适宜，或者测量环境不合适，都不能得到所希望的测量结果，铁水和钢水的温度测量就更加困难。铁水和钢水温度很高，检测环境十分恶劣，钢水温度测量是炼钢生产中的难题之一。由于铁水和钢水温度过高和测温枪的腐蚀，目前，铁水和钢水温度的测量一般用热电偶进行消耗式点测，而无法用测温装置得到铁水和钢水温度连续变化的信息还存在诸多困难[46]。而且，如果测温枪出故障，或是测温位置的不规范，都会造成很大的测温误差。

　　针对上述现场实验方法的种种弊端，数学模拟方法应运而生。数学模拟方法是现代测量工具的延伸，是人们依靠间接知识对仪表不可测量或难于测量的变量通过合理的假设和精密的计算对研究对象的实时估计值。

　　与现场实验方法相比，数学模拟的方法具有如下优点：

　　（1）可连续获得钢水温度，有助于对钢水温度的研究。

　　（2）节省成本。应用数学模拟方法大大节省了现场实验中所必备的人力、物力，特别是高温铁水和钢水的测量采用消耗式点测，不仅损失大量的热电偶，还会对所测铁水和钢水的温度、质量造成不良影响。

　　（3）数学模拟方法可以通过离线模型建立在线控制模型，在线控制模型能够及时准确的预报钢水温度，有助于提高生产率和成材率。

1.4.1　数学模拟在鱼雷罐车铁水温降研究中的应用

　　目前，国内外学者就铁水在鱼雷罐车中的温降损失进行了相关数学模拟研究，并取得了一些有意义的研究成果。

　　一维模拟多采用 MATLAB 编程计算[47]，模拟首先假设传热与距离成反比，将鱼雷罐车内部导热近似看作一维无限长圆筒壁导热，从而进一步将鱼雷罐车看作一平板（要求鱼雷罐车最大直径与最小直径的比值小于 2）。在此基础上仍需根据集总参数法计算出毕渥数，将铁水看作点热源（毕渥数需远小于 1）。荣军等人[25]建立了鱼雷罐车保温改造效果评估方法，采用与上述类似假设，但其论文中提出了熔损模型（耐火材料相对熔深和绝对厚度与使用次数的关系式）。一维模拟的计算非常简单，但其中假设的成分限制过多，严重限制其在实际计算中的应用价值。

　　二维计算多忽略鱼雷罐车宽度方向的热量传递，将其内部传热视为平面传热。目前所进行的计算中以二维计算为主。二维模拟仍需要对原型进行假设化简。吴懋林等人[20]认为，可将不规则的鱼雷罐车原型等效成水平圆柱体，并忽略其长度方向上的传热，他们还在计算模拟的基础上创建了铁水输送过程中的在线温度预测模型，以便于对铁水温度的变化进行监测。随着电脑和商业软件的日益发展，计算机模拟开始使用各种各样的商业软件。

　　González 等人[48]应用 Cosmos 软件对鱼雷罐车剖面进行模拟，但因该软件只能计算传导，不得不对其他传热方式进行了等价转化。Gruber 等人[17]应用 DIANA 软件利用柱坐标对鱼雷罐车进行了模拟研究，他们在模拟过程中假设罐车全部为铁水充满，以简化计算过程，在其研究中整个热损失分成三个部分，并将三部分热损失分别计算求和，求得总热损失。

　　在二维模拟的基础上，应用有限元分析软件进行三维模拟的计算正在蓬勃发展。有学者应用了三维有限元几何模型（随温度而变的材料模型、热界面模型和瞬间分析方法）对鱼雷罐车的铁水运输过程进行了研究。陈良玉教授[49]应用 APDL 对 ANSYS 进行编程计算，其假设中认为，混铁车内衬各层的物性均匀，是连续的材料；各层耐火材料是各向同性的均质体；运输过程中内衬各层的热效应是均匀的。该计算与实际测量结果吻合性较好，可用来预测实际鱼雷罐车耐火衬的温度分布情况。但其研究将铁水的温度设定为对流换热边界条件加载在铁水与工作层的接触面上，没有考虑铁水内部传热过程。

综上所述，目前对鱼雷罐车中铁水温降的研究较少，且很少有资料提到对鱼雷罐车罐口热辐射的计算研究。鱼雷罐车罐口热辐射受其外形所限，其角系数的计算十分复杂，而目前的模拟研究方法多为二维研究，直接将其转化为线性辐射换热计算，这与实际情况有一定的差距，为进一步提高模型的精度，罐口辐射热损失应在模型中单独考虑。

1.4.2　数学模拟在钢包钢水温降研究中的应用

数学模拟方法在钢水温降研究中应用广泛，早在 20 世纪 50 年代中期，V. Paschkis 等人[50]就通过假定钢包外壁和钢水上表面的热流为稳定热流，采用"热流分析"的方法来计算钢水温降。由于其假设过于理想化，输入的热流多为常数，其模拟计算结果与实际差距较大。

1959 年，Hoppmen 和 Franz N. Fett[51]从钢包炉能量平衡角度出发进行了研究，提出了钢包炉能量转化效率的概念，他们认为钢水量减少时，钢包炉能量转化效率也会降低，并提出了提高热效率的措施。

20 世纪 60 年代初，J. G. Henzel 等人[52]对出钢过程和钢水在钢包内的传热情况做了研究，Henzel 利用传热原理对钢水在上述过程中的热量损失进行了模拟计算，并指出在出钢过程中，热损失主要通过钢水的热辐射损失、钢水与钢包内壁之间的传导和对流热损失，以及包衬的蓄热损失。研究表明：出钢过程中包衬的蓄热损失约占 87%，水蒸气向周围环境的辐射热损失约占总热量损失的 10%。另外，他们还在研究中指出，钢包尺寸越小则钢水的热量损失越大。

1970 年，J. W. Hlinka 和 T. W. Miller 等人[53]通过一热水模拟系统，模拟试验钢水与耐火材料完全接触体系中的温度损失。并将试验模拟结果，利用相似原理推广到工业现场，该方案对于研究钢包、中间包内的热量损失提供了另一种尝试。在计算模拟过程中，他们假设钢水均匀混合、钢包耐火材料初始温度为钢包预热温度，并且耐火材料衬足够厚。图 1-3 所示为模型中热传导的示意图。

显然，第二个假设与实际情况并不相符。虽然他们的假设并不完全符合实际，但他们分析得到在实际生产中要加强钢包预热、加强钢包烘烤的结论，提倡在现场使用循环周转钢包、空包在运输中实施钢包加盖保温，这些都为现场应用指明了方向。

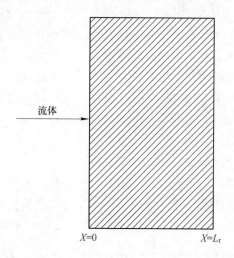

图 1-3　流体导热示意图

1996 年，A. Gaston 和 M. Medina 等人[54]以镁质钢包为原型建立数学模型，将炼钢生产的工序分为预热、冷却、出钢、钢水的驻留期和浇注期五个部分，根据具体工序条件分别建立模块来对钢包整个流程的情况加以描述。

冲村利昭等人[55]研究了耐火材料衬对钢水温降的影响，考察了钢水在三种钢包中的温降情况。使用低热导率耐火衬材料工作层的钢包、使用隔热材料的钢包和使用低热导率渣线砖的钢包，并将计算模拟得到的结果与实测值比较。研究指出，对钢包内衬的适当改进可以有效减小钢水的温降。

北京科技大学的学者以实际炼钢流程为原型，建立了钢包热循环过程钢包热状态跟踪模型，并将包衬温度实测和数值模拟相结合，将实测值输入模型，利用传热反问题修正模型，预测钢水的温度，并利用钢包热状态跟踪模型分析了新砌钢包烘烤预热时间、空包时间、离线烘烤时间和包衬侵蚀等因素对钢水温度的影响规律[42]。结果表明，这种研究方法与实际相符较好。

从以上的研究结果可以看出，数学模拟方法在钢包内钢水温度的研究中得到了广泛的应用，并取得了较好的研究结果。但是，对于钢包内钢水温度的研究方法仍存在着一定的问题和不足，有很多课题仍需进一步的研究和深化，模型精度有待进一步提高。

1.4.3　数学模拟分析方法

从求解方法上看，数学模拟法分为两类：解析法和数值法。这两种方法都是从工艺条件出发，然后建立合适的物理模型，进而根据物理模型建立相应的数学模型，最后基于数学模型求解。解析法是直接对数学模型进行求解，而数值法是借助于数值分析手段，将数学模型离散化为计算机模型，用计算机求解。对于简单的问题可以直接应用解析法求解，而实际问题通常较为复杂，应采用数学模拟方法求解。

数学模拟方法现阶段主要是指以应用计算机作为辅助，通过对一些复杂工程和产品结构强度、刚度、屈曲稳定性、动力响应、热传导、三维多体接触、弹塑性等实际问题的分析简化建立数学模型，进而通过数学方法求解的一种近似数值分析的研究方法。常用的数学模拟方法是以有限元法（Finite Element Method）、有限体积法（Finite Volume Method）、有限差分法（Finite Difference Element Method）等数学方法为基础发展起来的。现阶段的数学模拟方法从 20 世纪 60 年代初在工程上开始应用到今天，已经历了 50 多年的发展历史，其理论和算法都经历了从蓬勃发展到日趋成熟的过程，现已成为工程和产品结构分析中（如航空、航天、机械、土木结构等领域）必不可少的数值计算工具。数学模拟的种类有很多，其基础算法有限差分法、有限体积法和有限元法各有其特点。

有限体积法[56]（Finite Volume Method）又称为控制体积法。其基本思路是：将计算区域重新离散为不重复的控制体积，以每一个控制体积为单位积分，求解的微分方程，可得出一组离散方程。网格点上的因变量的数值是需要求解的未知量。假定值在网格点之间的变化规律，根据其变化规律递推求解所有控制体积的积分。从未知解的近似方法看来，有限体积法属于采用局部近似的离散方法，而从积分区域的选取方法看来，有限体积法则属于加权剩余量法中的子区域法。

有限差分法[56]（Finite Difference Element）是最早应用的计算机数值模拟方法之一，且至今仍被广泛运用。有限差分法的基本思想是将微分问题转变为代数问题的近似求解方法，该方法将求解域划分为差分网格，以 Taylor 级数展开等方法，以差分代替微分，差商代替微商，用有限网格节点代替连续的求解域，然后再利用插值方法便可以从离散解得到定解问题在整个区域上的近似解。它的特点是数学概念直观，表达简单。

20 世纪 40 年代初期，有限元法[57]（Finite Element Method）的基本思想被美国的克拉夫首先提出，他在一篇论文中首次使用"有限单元法"这个名词。在 20 世纪 60 年代末至 70 年代初，该法在理论上已基本成熟，有限元法以变分原理为基础，其本质是在一个函数集合中求泛函的极小或极大问题，利用变分近似方法求解，选择特殊基函数，使它能够适用于更一般的区域。有限元法的基本思想是将连续的结构离散成有限个单元，并在每一个单元中设定有限个节点，将连续体看作是只在节点处相连接的一组单元的集合体；同时选定场函数的节点值作为基本未知量，并在每一单元中假设一插值函数以表示单元中场函数的分布规律，进而利用变分原理去建立用以求解节点未知量的有限元法方程，将一个连续域中的无限自由度问题转化为离散域中的有限自由度问题。在求解的方程过程中，近似解可表示为基函数的线性组合，方程中的求解系数通常是区域节点的函数，所以可以认为有限元法是基于变分原理，融合了有限差分算法的适用范围广泛的数学模拟求解方法。

在上述数学模拟计算方法中，有限元法应用的领域最广。目前，该方法已被应用于结构力学、结构动力学、热力学、流体力学、电路学、电磁学等领域。与其他求解方法相比，有限元法的优点在于一经求解就可以利用解得的节点值和设定的插值函数确定单元上以至整个集合体上的场函数。目前，有限元分析可以解决实际的静力学或动力学的问题，温度场或流场问题，稳态问题或瞬态问题以及线性的或非线性的问题。也就是说，有限元法几乎能处理所有连续介质的偏微分方程问题，这也是其广泛应用于工程问题求解的重要原因。由于其自身的优势及计算机硬软件技术的飞速发展，从应用的深度和广度来看，有限元法的研究和应用正继续不断地向前探索和推进。

本研究采用有限元法，选择适当的有限元分析软件对实际问题进行求解。

1.5　常用的保温隔热材料及其性能

1.5.1　保温隔热材料

保温隔热材料也叫绝热材料，一般是指对热流有较强阻抗作用的材料。热导率（导热系数）是表征绝热性能的主要指标，通常把热导率小于 0.12W/(m·K) 的材料称为绝热材料，而热导率小于或者等于 0.055W/(m·K) 的绝热材料则称为高效绝热材料[58]。热导率主要与材料的密度、孔隙率和气孔结构等有关。绝热材料的密度一般小于 600kg/m³，密度越小，绝热性能也越好。

1.5.2　保温材料的分类

绝热材料一般是轻质、疏松、多孔的纤维状材料，其种类繁多，应用广泛[59,60]。

按其材质不同，可以划分为无机绝热材料、有机绝热材料和金属绝热材料。按绝热原理，则可分为多孔材料和反射材料。其中多孔材料靠热导率小的气体充满在孔隙中绝热。一般以空气为热阻介质，主要是纤维聚集组织和多孔结构材料。纤维直径越细，材料容重越小，则绝热性能越好。闭孔比开孔结构的导热性低，如闭孔结构中填充热导率值更小的其他气体时，两种结构的导热性才有较大的差异。泡沫塑料的绝热性较好，其次为矿物纤维、膨胀珍珠岩和多孔混凝土、泡沫玻璃等。而反射材料，如铝箔能靠热反射大大减少辐射传热，几层铝箔或与纸组成夹有薄空气层的复合结构，还可以增大热阻值。按其组织结构则可分为纤维状聚集组织（无机或有机纤维及制品），松散的粒状、片状或粉体状组织（如轻集料、浮石、硅藻土），多孔结构（多孔混凝土、泡沫塑料等）和致密结构（铝箔等）。

1.5.3　常用保温材料

我国绝热材料产品结构情况如图 1-4 所示[61]，由图 1-4 可明显看出我国常用保温材料主要包括如下四类，即纤维类绝热制品、硬质类绝热制品、有机类绝热制品和硅酸盐复合涂料及制品。

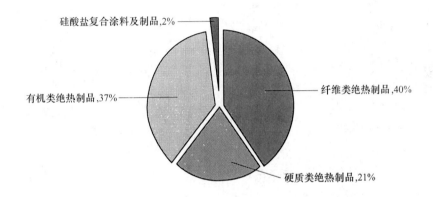

图 1-4　我国绝热材料产品结构情况

1.5.3.1　纤维类绝热制品

纤维类绝热制品是指由短纤维类材料制成的保温层材料为纤维类保温层材料，如玻璃棉、超细玻璃棉、岩（矿）棉、硅酸铝纤维、泡沫石棉制品等。目前在使用的纤维类隔热材料主要是陶瓷纤维制品[62]。

陶瓷纤维最早出现在 1941 年，美国巴布科克·维尔考克斯公司用天然高岭土，用电弧炉熔融喷吹成纤维。20 世纪 40 年代后期，美国两家公司生产硅酸铝系列纤维，并首次应用于航空工业；20 世纪 60 年代，美国研制出多种陶瓷纤维制品，并用于工业窑炉壁衬。20 世纪 70 年代，陶瓷纤维在我国开始生产使用，其应用技术在 20 世纪 80 年代得到迅速推广，但主要适用温度范围在 1000℃以下，应用技术相对简单落后。进入 20 世纪 90 年代以后，随着含锆纤维和多晶氧化铝纤维的推广应用，使用温度提高到 1000~1400℃，但由于产品质量缺陷和应用技术的落后，其应用领域和应用方式都受到限制。

陶瓷纤维虽然为高温工业领域的绝热耐火起着重要作用，但也存在很大的生产弊端，尤其是它具有可吸入性，对环境及人体有一定的危害，国外一些企业加强了对非晶质陶瓷纤维的限制使用，且大部分陶瓷纤维制品，以硅酸铝纤维制品为例，其导热系数相对较高，不能满足许多场合的隔热要求。

1.5.3.2　硬质类绝热材料

无机类的硅酸钙绝热制品是硬质类绝热材料典型的代表。用作保温的硅酸钙绝热材料主要有两种不同的硅酸钙结晶水合物[63-65]：一种是托贝莫来石型，主要组成是 $5CaO \cdot 6SiO_2 \cdot 6H_2O$，最高使用温度为 650℃；另一种是硬硅钙石型，主要组成是 $6CaO \cdot 6SiO_2 \cdot H_2O$，使用温度可达 1000℃。它们具有优越的保温隔热性、高温稳定性、耐久性，已广泛用于工业设备及管道等的保温。其中，硬硅钙石（Xonotlite）的结晶水在所有硅酸钙水合物中是最少的。与其他无机绝热材料相比，硬硅钙石材料与具有很多优良的性能，主要体现在：

（1）良好的热稳定性。硬硅钙石在 1050℃失去结晶水，转变成硅灰石，因而硬硅钙石制品具有超高的耐高温性能。

（2）超轻的体积密度。日本已能制造出密度为 $130kg/m^3$ 左右的硬硅钙石；我国也已能生产密度在 $170 \sim 260kg/m^3$ 的绝热制品，密度在 $130kg/m^3$ 以下的超轻制品也已实验成功。

（3）对人体友好性能。硬硅钙石无毒无害，使用安全，是一种较为环保的绿色材料；另外，硬硅钙石纳米纤维也是一种潜在的生物活性复合材料。

（4）有很高的利用率，可重复多次使用。

由于硬硅钙石具有石棉等其他绝热材料不可比拟的优点，因而应用广泛，可应用于很多行业。目前，硬硅钙石主要应用于能源、石油、化工、冶金、建材等工业部门的各种热工设备、化工设备和输油输气管路的绝热保温方面，对于表层温度 600~1000℃ 的高温管道或高温锅炉的保温，硬硅钙石型硅钙材料性价比高，可部分代替耐火材料，用作各种窑炉的结构兼隔热材料；也应用于冷库、冷藏运输车等大型器材的保冷需要；在建筑节能方面，硬硅钙石有着广泛的用途，可用于各种围护结构、保温涂料等。

1.5.3.3　有机类绝热制品

有机类泡状绝热材料主要是指有机泡沫塑料，是以各种树脂等有机材料为基料，加入少量的发泡剂、催化剂、稳定剂以及其他辅助材料，经加热发泡而制成。泡沫塑料也可以说是以气体为填料的复合塑料。泡沫塑料因为含有大量气泡具有以下共同性质[66]：（1）质轻（容重一般为 $10 \sim 70kg/m^3$）。泡沫塑料中的部分塑料为气体所取代，因此它比纯塑料体积大好几倍，有的可达十几倍甚至几十倍。（2）具有吸收冲击载荷的能力，泡沫塑料受到冲击载荷时，泡沫中的气体通过滞留和压缩，使外来作用的能量被消耗、散逸，泡体以较小的复加速度，逐步终止冲击载荷。因此，泡沫塑料具有较好的冲击性能。（3）隔热性能好。泡沫塑料的导热系数比纯塑料低得多，因为气体的导热系数比塑料的导热系数低近一个数量级。（4）具有隔音的能力。泡沫塑料中的隔音效果主要是通过两个途径，一个是吸收声波的能量，减少反射或传递；另一个消除共振、减少噪声。近几十年来，泡沫塑料生产工业在发达国家发展很快，特别是在美国、欧洲、日本等国家和地区中，产量和品种都在迅速加，已有大规模的工业化生产。

1.5.3.4 复合硅酸盐绝热材料

复合硅酸盐绝热材料近年来应用广泛[67-69]。

复合硅酸盐绝热材料具有可塑性强、导热系数低、耐高温、浆料干燥收缩率小等特点。主要种类有硅酸镁、硅镁铝、稀土复合绝热材料等。而近年出现的海泡石绝热材料作为复合硅酸盐绝热材料中的佼佼者，由于其良好的绝热性能和应用效果，已经引起了建筑界的高度重视，显示出强大的市场竞争力和广阔的市场前景。海泡石绝热材料是以特种非金属矿物质——海泡石为主要原料，辅以多种变质矿物原料、添加助剂，采用新工艺经发泡复合而成。该材料无毒、无味，为灰白色静电无机膏体，干燥成型后为灰白色封闭网状结构物。其显著特点是导热系数小、温度使用范围广、抗老化、耐酸碱、轻质、隔音、阻燃、施工简便、综合造价低等。主要用于常温下建筑屋面、墙面、室内顶棚的绝热，以及石油、化工、电力、冶炼、交通、轻工与国防工业等部门的热力设备，管道的绝热和烟囱内壁、炉窑外壳的绝热工程。这种绝热材料，将以其独特的性能开创绝热节能的新局面。

1.5.4 保温绝热材料的发展趋势

目前保温绝热材料的发展呈现如下趋势[70-73]：

（1）现有绝热材料产品性能的提高。很多绝热材料的应用领域，不但要求材料具有隔热、绝热作用，还要求材料具有一定的强度、憎水、防火等其他特殊性能。例如，船舶用硅酸钙隔仓板除要求轻质外还要求耐高温、防火等多种功能。研制超轻、全憎水型硅酸钙绝热材料是目前硅酸钙绝热材料发展的重要方向之一。提高现有绝热材料的各种性能应对不同领域内新的需要成为绝热材料发展的重要趋势之一。

（2）研制多功能复合型绝热材料。目前使用的绝热材料在应用上都存在某些方面的不足。例如，硅酸钙在潮湿环境下，易存在腐蚀性的氧化钙，并在长时间内保留水分，不宜在低温环境下使用；玻璃纤维易吸收水分，也不适于低温环境，同时由于不耐高温而不适于540℃以上使用；矿物棉同样存在吸水问题，不宜用于低温环境，只能用于不存在水分的高温环境下，且在高温下存在易燃、收缩、产生毒气等缺点；泡沫玻璃由于对热冲击很敏感，不能用于温度急剧变化的状态下。为了弥补传统绝热材料的不足，各国纷纷研制出轻质多功能复合型绝热材料，将不同绝热材料按各自的功能优点取长补短进行复合，形成一种技术性能更全面、更优越、工程造价更低的复合型绝热材料。

（3）发展环保友好型绿色绝热材料。采用废弃物为生产原料，尽量减少对天然矿物的需求；对产品进行回收再利用，减少绝热材料产品生产过程中的能耗与污染物的排放量；从原材料的准备与选择、产品的生产及使用以及日后的处理问题，都要能最大限度地节约能源和减少对环境的危害。如有机质发泡绝热材料不再使用氟利昂，继续开发日用废塑料制品为主要原料的建筑绝热材料制品，采用工业炉渣为原料生产硅酸盐绝热产品等。

（4）利用纳米技术研制超级绝热材料。应用纳米技术生产绝热材料，有可能对绝热材料行业带来划时代的革命性变化。纳米技术在其他领域已经得到应用，可以利用纳米技术来研制超级绝热材料，为绝热材料发展创造了新的空间。目前，超级绝热材料主要有真空绝热材料和纳米孔材料两种。随着我国社会与经济的不断发展，人们的环保意识逐渐增强。纳米绝热材料既满足了工业上热工设备的热环境，另一方面也节约了能源，其优良性能使其未来的需求量必将大幅增加，行业整体发展前景看好。尽管如此，价格因素仍然是目前限制其在工业领域中大规模应用的主要障碍。因此，降低生产成本是今后研发工作的主要方向之一。

近年来绝热材料以其优异的绝热性能受到研究人员及使用者的青睐[74]。但是，由于低热导率绝热材料价格昂贵，气孔率高，其机械强度一般都较低，这对实际应用造成了困难。在实际应用中，保证绝热材料的绝热性能的同时，材料需具有一定的机械强度，并具有尽可能低的生产成本。为保证实际应用中对材料的各种要求，复合纳米绝热材料的研究受到学者的普遍关注。

1.6　硅基纳米孔超级绝热材料

1.6.1　纳米孔超级绝热材料

1992 年，美国学者 A. J. Hunt 等在国际材料工程大会上就提出了超级绝热（Super insulation）材料的概念。在此之后，很多学者都陆续使用了超级绝热材料的概念。一般认为超级绝热材料是指在预定的使用条件下，其导热系数低于"无对流空气"导热系数的绝热材料。超级绝热材料一般是纳米孔超级绝热材料。最典型的纳米孔超级绝热材料就是硅基纳米孔绝热材料[75-77]。

从表 1-1 中不难发现[78]，与国内普遍使用的传统保温材料相比，比利时 Microtherm 和德国 Promat 产品为代表的纳米微孔绝热材料在性能上有着明显的优势。它们的体积密度较低且导热系数远低于其他类型的保温隔热材料，400℃ 下的导热系数比常温下静止空气的导热系数还要低（常温下静态空气的导热系数为 0.26W/(m·K)）。

表 1-1 传统常用保温材料与纳米孔绝热材料性能比较

保温材料	体积密度 /g·cm⁻³	导热系数(400℃) /W·(m·K)⁻¹	使用温度/℃
高温绝热砖	0.35~0.7	0.12~0.23	750~1000
轻质耐火混凝土	0.4~1.4	0.13~0.90	900~1400
陶瓷纤维	0.064~1.5	0.08~0.45	600~1800
微孔材料	0.15~0.35	0.03	900
矿棉材料	0.1~0.4	0.06~0.10	500~700
Microtherm Board	0.22~0.25	0.023	1000
PROMALIGHT-1000	0.24~0.3	0.026	1000

1.6.2 纳米孔绝热材料的绝热机理

绝大部分绝热材料的传热主要由以下 4 个部分构成的[79]：

（1）气体分子的热传导 Q_g；

（2）气体的对流传热 Q_c；

（3）固体材料的热传导 Q_s；

（4）红外辐射传热 Q_r。

因此，总传热量为：

$$Q = Q_g + Q_c + Q_s + Q_r \tag{1-4}$$

相应地，总的表观热导率为：

$$\lambda = \lambda_g + \lambda_c + \lambda_s + \lambda_r \tag{1-5}$$

由上面计算可知，要实现超级绝热的目的，一是要在保持足够的机械强度的同时，使用体积密度较小的材料；二是要将空气的对流减弱到极限；三是要通过近于无穷多的界面和通过材料的改性使热辐射经反射、散射和吸收而降到最低。

与其他绝热材料相比，纳米超级绝热材料中的纳米效应使其具有优良的绝热性能，性能更为稳定，随温度升高导热系数增加较慢。分析认为：在绝热材料内部，有无数的气孔分布于颗粒的空隙中，气体分子的碰撞与对流运动是 Q_g 与 Q_c 产生的主要原因。根据分子运动及碰撞理论，气体的热量传递主要是通过高温侧的较高速度的分子与低温侧的较低速度的分子相互碰撞来进行的。对于纳米孔绝热材料，由于其内部绝大部分气孔尺寸均小于气体分子运动的平均自由程（70nm），这些屏障使得气体分子无法参与热传递，从而从本质上切断了气体分子的热传导。同时气孔内空气分子被吸附于内壁，气孔内部呈现类真空状态，从而有效地减小了气体的热传导作用和空气分子间的对流传热。其次，纳米孔绝热材料内部多具有丰富而疏松的多孔结构，满足"无穷多"的界面要求，可极大地降低固体材料的热传导能力，即有效地减小 $Q_s^{[80]}$。另外，对于纳米超级绝热材料，由于其材料内部有大量的气-固界面。热辐射的射线在传播过程中会发生近于无穷多次的反射、吸收、透射和再辐射过程，热辐射的传播能力迅速衰减，最后大部分被吸收在纳米绝热材料的靠近热面一侧的表面，然后再以热辐射的方式返回原有的发射体，有利于减少红外辐射传热 $Q_r^{[81]}$。

1.6.3 硅基纳米孔绝热材料

硅基纳米孔超级绝热材料，将其按照制备工艺可分为气凝胶基绝热材料和纳米粉体基绝热材料。由于其独特的材质和结构特征（图 1-5），无定形 SiO_2 具备作为纳米孔绝热材料主体材料的条件，目前得到实际应用的纳米孔绝热材料的纳米孔载体主要为 SiO_2 气凝胶和气相 SiO_2 纳米粉体。

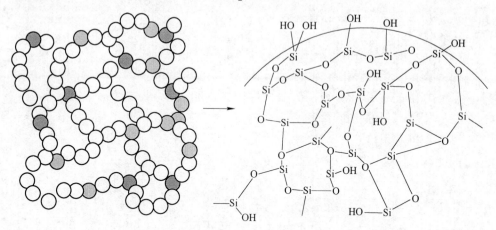

图 1-5 二氧化硅网状结构示意图

自从 20 世纪 30 年代 Kistler 在 *Nature* 上首次报道了有关 SiO_2 气凝胶的研究成果以来[82]，因其内部所具有的独特的纳米多孔网络结构，可以有效抑制气体分子热运动以及空气对流换热引起的热量传递，SiO_2 气凝胶常被看作是纳米孔绝热材料良好的载体。但是，在实际生产过程中，由于 SiO_2 气凝胶的制备过程复杂，超临界干燥工艺能耗高，效率低，且常压干燥工艺的使用极大地限制了 SiO_2 气凝胶基纳米孔绝热材料的大规模生产及应用[83]。

近年来，由于橡胶、树脂、涂料、农业和医药等行业对 SiO_2 纳米粉体需求量剧增，气相 SiO_2 纳米粉体的科研投入增多，其研发能力也显著增强，使其产品质量、表面处理水平和生产能力都有了实质性的飞跃。国内外相关研究人员也正在进一步拓展其应用领域和市场，采用气相 SiO_2 纳米粉体制备纳米孔绝热材料就是近年来取得的重要成绩之一。

气相 SiO_2 又称气相白炭黑，是一种极其重要的高科技无机化工产品，也是目前唯一能够实现大规模工业化生产的纳米材料。它是一种无定形、半透明、流动性很强的絮状胶态物质，是应用化学气相沉积（CAV）法（又称热解法、干法或燃烧法），以四氯化硅、氧气（或空气）和氢气为原料，在高温下反应而成，其总的化学反应式为：

$$SiCl_4 + 2H_2 + O_2 == SiO_2 + 4HCl \qquad (1\text{-}6)$$

其制备工艺如图 1-6 所示[84]。

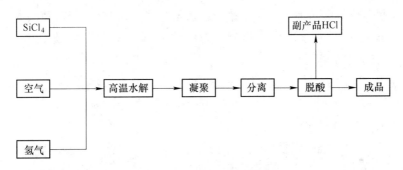

图1-6 气相 SiO_2 生产过程示意图

由气相法制得的 SiO_2 具有与 SiO_2 气凝胶类似的空间结构，其原生粒径为 1~40nm，平均原生粒径为 7~18nm，聚集体粒径则约为 1μm，具有较大的比表面积（通常为 50~400m²/g）。气相法二氧化硅的高比表面积和孔结构特征使其具有许多优良的物理化学性能：（1）热屏蔽性。在能量转换元件中，损失的能量会产生大量的热，而气相法二氧化硅可以起到良好的热屏蔽作用和表面热传导作用，使损失的能量减少，提高材料的安全性。（2）分散性。气相法二氧化硅使容易结块的物质减少黏合性，具有良好的流动性和分散性，使物质颗粒之间保持一定的距离，一种物质在另一种物质中保持良好的均匀分布性，例如，可用作易燃、易爆物质的分散剂，易结块化肥的松散剂等。（3）消光性。现代材料既要求表面明亮，又不能产生光污染，如汽车表面漆。气相法二氧化硅具有高比表面积，可以有效地使入射光散射，从而达到良好的消光效果。气相法二氧化硅可以削弱电磁波的反射，达到材料表面隐形的目的，因此在现代国防工业中具有极其重要的作用。（4）抗温变性。气相 SiO_2 特殊的高温制备条件使其具备良好的高温热稳定性，即使在不添加抑制烧结助剂的条件下也可以使气相 SiO_2 纳米粉体基绝热材料的使用温度长期稳定在 800℃ 以下[85]。

这些物理性能使气相 SiO_2 具备良好的绝热性能，但是，直接应用气相 SiO_2 纳米粉体作为绝热材料仍存在许多实际问题，国内外为此进行了诸多研究工作。

虽然气相 SiO_2 具有高比表面积，可以削弱一部分电磁波，但是对于红外辐射波长气相 SiO_2 并不能有效地抑制其辐射热传递，为了弥补气相 SiO_2 纳米粉体的这一缺陷，必须在气相 SiO_2 纳米粉体中添加其他材料以抑制辐射换热效应。杨自春[86]等学者对红外遮光剂的选取及其影响做了大量的研究，其研究结果显示，以 SiC 作为红外遮光剂可以有效降低高温下的红外热辐射，改善高温条件下的绝热性能。封金鹏等人[87]则分别考察了以 SiC 和锆英石作为红外遮光剂的气相 SiO_2 基纳米孔绝热材料高温下的绝热性能，结果发现添加质量分数 25%，粒径 3.029μm 的 SiC 的试样其有效消光系数最大，而添加适量的微米级锆英石也可有效削弱辐射换热程度。此外，其他微米级矿物粉体，如 TiO_2、炭黑和六钛酸钾等也是可以有效改善气相 SiO_2 基纳米孔绝热材料高温下的绝热性能的红外遮光剂。

D. R. Smith 等人[88]科学家针对气相 SiO_2 纳米孔绝热材料脆性大，强度低的问题开展了大量的实验研究，结果表明当以纤维材料作为增韧材料时，如果将增韧材料在基体材料中均匀分布，则可以有效提高气相 SiO_2 基纳米孔绝热材料的力学性能。Hiroya Abe[89]和 Isami Abe 等人[90]学者为此发明了一种名为 Mechanofusion System 的机械混合装置，该装置通过离心力和压力作用，使玻璃纤维束在基体材料中分散均匀，很好的起到纤维的增韧作用。目前，提高气相 SiO_2 基纳米孔绝热材料机械强度和可加工性能的最普遍方式即为向其中添加均匀分散的增韧纤维材料。

为了提高气相 SiO_2 基纳米孔绝热材料的高温热稳定性，J. P. Feng 等人[91]学者通过向 SiO_2 基体中引入 Al_2O_3 或 TiO_2 纳米粉体作为抑烧剂，尝试提高其热稳定性。结果表明，它们都可以有效降低气相 SiO_2 基纳米孔绝热材料的体积收缩和形变，在 1000℃ 时，当添加 5% 的 Al_2O_3 纳米粉体后，材料的体积收缩率从 10.49% 下降到 3.47%；当添加 10% 的 TiO_2 纳米粉体时，材料的安全使用温度可从 800℃ 提高到 900℃。

有人将 SiO_2 气凝胶与硬硅钙石复合来制备超轻绝热材料，以结合气凝胶的低热导率和硬硅钙石的高力学性能两方面的优点。X. Shi 等人[92]选择石墨为遮光剂，来制备 SiO_2 气凝胶-硬硅钙石型多孔绝热材料，制得体积密度为 $0.3kg/m^3$、气孔率为 85%、内部孔隙尺寸介于 20~60nm 之间的多孔绝热材料。经测试，以石墨作为遮光剂的试样在 700℃ 条件下的导热系数仅为 $0.04W/(m \cdot K)$。曾令可等人[93]则将纤维状的超轻硅酸钙材料和 SiO_2 气凝胶复合，制得超级绝热材料，经过 SEM 分析和孔隙尺寸分布测试发现，SiO_2 气凝胶均匀地分布于硅酸钙基体中，孔隙尺寸分布在 10~50nm 之间，且平均粒径小于 20nm。

国际上，气相 SiO_2 基纳米孔绝热材料的研发和生产一直在进行中，少数欧美发达国家如德国 Promat 公司和比利时 Microtherm 公司生产的高温绝热材料，均具有较低的体积密度和低于 0.05W/（m·K）的超低导热系数，保温性能优良，且已经在实际生产中得以应用，美中不足是价格十分昂贵。国内对于高温绝热材料的研究很多处于实验研究阶段，高温绝热材料的研究还有十分广阔的发展空间。

1.7 研究目的及主要研究内容

1.7.1 研究目的

钢铁产品的质量与生产过程中熔融金属的温度密切相关。长距离运输、铁水预处理以及高密度耐火材料在保温容器中的应用使铁水和钢水在运输过程中损失大量的热量，甚至不能保证生产流程的顺行。系统地研究分析铁水和钢水在相应盛装容器，如鱼雷罐车、钢包中热量损失的具体原因，并寻求解决办法势在必行。通过数学模拟的方法可以有效地分析铁水和钢水温降的影响因素，为减少其温降损失提供理论及技术支持。数学模拟的结果证明，应用低热导率的耐火材料可以显著提高容器的保温效果，为此，本研究为提高盛装容器的保温效果对保温材料进行了实验研究。以 SiO_2 纳米粉为基体的硅基纳米孔超级绝热材料具有良好的绝热性能，作为保温材料的有着极强的优势。本研究选用气相 SiO_2 纳米粉作为纳米孔绝热材料的基体材料。虽然气相 SiO_2 作为基体材料具有良好的绝热性能，但其热力学性能较差，在有些情况下不能满足实际生产应用的要求。为了进一步提高其力学性能，本研究考虑了成型压力对材料热性能和耐压性能的影响，并将硬质硅酸钙引入硅基超级绝热材料，以提高其力学性能。将实验室制得的硅基绝热材料作为保温材料应用于铁水和钢水的盛装容器，并通过数学模拟分析保温材料的应用效果，为实际生产应用奠定理论基础。

1.7.2 主要研究内容

本研究的主要研究内容如下：

（1）以某钢厂鱼雷罐车为原型，通过数学模拟的方法建立模型，分析铁水在运输过程中热量损失的影响因素，探寻降低鱼雷罐车铁水温降的方法。

（2）以某钢厂钢包为原型，通过数学模拟方法建立模型，分析钢水在炉外精炼过程中热量损失的原因，并指明提高钢包保温性能的有效方法。

（3）对硅基纳米孔绝热复合材料进行实验室研究，选择适当的基体材料和混合方式，并在基体材料中添加玻璃纤维和硬质硅酸钙粉，考察玻璃纤维和硬质硅酸钙粉的添加量及成型压力对硅基纳米绝热复合材料性能的影响，研究开发性能优异的绝热耐火材料。

（4）将实验室制得的硅基绝热材料的物理性质引入数学模型，分析在鱼雷罐车中应用纳米孔绝热材料作为保温层对鱼雷罐车的保温性能的影响，并根据模拟结果考虑实际应用中的限制条件。

（5）将实验室制得的硅基绝热材料的物理性质引入数学模型，分析在钢包中应用纳米孔绝热材料作为保温层对钢包的保温性能的影响，并根据模拟结果考虑实际应用中的限制条件。

2 鱼雷罐车运输过程中铁水温降的研究

热态的铁水和冷态的废钢是炼钢的两大类"入炉原料"。保证入炉铁水的温度可以确保所添加的废钢全部熔化，转炉就可以增加废钢原料的比率，进而节省冶炼生铁所需的焦炭、矿石等原料，并降低能耗、减少污染[94]。例如，对于年产400万吨的钢厂，铁水提温30℃可为公司每年带来1500万元的经济效益[4]。为了满足人们日益增长的对钢材高质量和炼钢高效率的要求，如何有效、经济的减少铁水在运输过程中的热量损失受到了广泛关注[95]。

鱼雷式铁水罐车，因其盛装量大、保温效果好等优点，成为各大钢铁企业高炉和转炉或电炉之间的重要的长距离铁水运输设备[96]。在铁水由炼铁车间运输到炼钢车间的过程中，热量以热辐射、热传导、热对流三种方式损失，即鱼雷罐车铁水上表面及罐壳外表面的热辐射、热对流，鱼雷罐壁的热传导以及内衬蓄热。最初，鱼雷罐车只是用作大量铁水长距离运输的容器。近年来，各大钢厂将铁水预处理工艺引入鱼雷罐车运输过程，加大了鱼雷罐车的热量损失，导致铁水温度在运输过程中急剧下降。铁水温度的大幅度下降会造成鱼雷罐车的结壳结瘤，增加炼铁及炼钢能耗，减少金属收得率，降低鱼雷罐车使用寿命，进而影响整个炼钢流程的顺利进行。近年来，为保证鱼雷罐车的使用寿命，其工作层多应用高密度、高热导率的 ASC 砖，这进一步增加了铁水的热量损失，鱼雷罐车的保温效果亟待提高。要提高鱼雷罐车的保温性能，必须首先对鱼雷罐车运输过程中铁水温降的影响因素进行分析。

目前，鱼雷罐车铁水运输过程中温降的研究方法主要有数值模拟和现场试验两种。由于现场试验过程的复杂性及不易操作性，本研究采用数学模拟的方法对实际情况进行理论分析。

在众多数学模拟方法中，有限元法具有一经求解就可以利用解得的节点值和设定的插值函数确定单元（甚至整个集合体）上的场函数的特点，因而广泛应用于工程计算中。

本章基于有限元法，以某钢厂的鱼雷罐车为原型建立数学模型，并在此基础上对鱼雷罐车铁水输运过程中温降的影响因素进行分析，从而得到鱼雷罐车铁水运输过程中温降的主要影响因素，为鱼雷罐车保温研究提供理论依据和技术支持。

2.1 鱼雷罐车原型

本研究以国内某钢厂的鱼雷罐车作为研究对象。鱼雷罐车罐体外表形状与鱼雷类似，罐衬中央的上部为罐口，罐衬主体由圆筒和锥体两部分构成，罐体内砌筑多层耐火衬（钢厂原型的耐火衬主要由工作层、浇注料和永久层组成，无保温层），其二维平面结构示意图及尺寸分别见图 2-1 和表 2-1，罐体内衬砌筑的耐火衬的物性参数见表 2-2[97]。

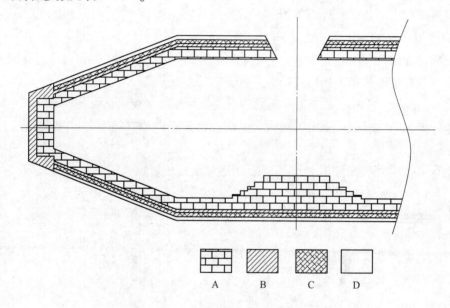

图 2-1 鱼雷罐车内衬示意图

A —工作层；B —浇注料；C —永久层；D —保温层

表 2-1 鱼雷罐车原型尺寸表

项目	工作层	浇注料	永久层	保温层	钢壳
材料	ASC 砖	耐火泥	黏土砖	—	1324
厚度/mm	277	38	72	0	30

表 2-2 材料的热物性参数

参 数	密度 /kg·m^{-3}	导热系数 /W·(m·K)$^{-1}$	比热容 /J·(kg·K)$^{-1}$
ASC 砖	2400	16.2	800
黏土砖	2050	0.7+0.64t/1000	837

参 数	密度 /kg·m⁻³	导热系数 /W·(m·K)⁻¹	比热容 /J·(kg·K)⁻¹
浇注料	2190	1.3	750
钢壳	7790	42	470

2.2 数学模型建立

2.2.1 基本假设

(1) 忽略鱼雷罐车各层耐火材料之间及其与钢壳之间的接触热阻;

(2) 假设注入罐内的铁水初始状态温度分布均匀,计算过程中不考虑罐内铁水由于温度分层现象而产生的流动;

(3) 忽略铁水、渣层内部的质量传输;

(4) 忽略钢水、渣层内部的对流,假设以传导传热为主;

(5) 假设鱼雷罐内耐火材料为各向同性。

2.2.2 传热控制方程

根据能量守恒定律[45],铁水与耐火衬之间存在:

$$k\left[\frac{\partial}{\partial x}\left(\frac{\partial t}{\partial x}\right) + \frac{\partial}{\partial y}\left(\frac{\partial t}{\partial y}\right) + \frac{\partial}{\partial z}\left(\frac{\partial t}{\partial z}\right)\right] - \rho c \frac{\partial t}{\partial \tau} = 0 \qquad (2\text{-}1)$$

式中　t——节点的温度,K;

x,y,z——节点的空间坐标,m;

τ——时间,s;

k——材料导热系数,W/(m·K);

c——材料的比热容,J/(kg·K);

ρ——材料的密度,kg/m³。

2.2.3 初始条件和边界条件

(1) 初始条件:

$$t = t_0(x, y, z, \tau_0) \qquad (2\text{-}2)$$

根据现场情况,假设铁水进入鱼雷罐车的初始温度为1425℃。

(2) 边界条件:

$$t = t(x, y, z, \tau) \qquad (2\text{-}3)$$

传导传热边界:

$$- k \left(\frac{\partial t}{\partial x} n_x + \frac{\partial t}{\partial y} n_y + \frac{\partial t}{\partial z} n_z \right) = - k \frac{\partial t}{\partial n} = q \tag{2-4}$$

对流传热边界:

$$- k \left(\frac{\partial t}{\partial x} n_x + \frac{\partial t}{\partial y} n_y + \frac{\partial t}{\partial z} n_z \right) = - k \frac{\partial t}{\partial n} = \alpha (t - t_a) = q_c \tag{2-5}$$

辐射传热边界:

$$- k \left(\frac{\partial t}{\partial x} n_x + \frac{\partial t}{\partial y} n_y + \frac{\partial t}{\partial z} n_z \right) = - k \frac{\partial t}{\partial n} = \varepsilon \sigma (t^4 - t_a^4) = q_r \tag{2-6}$$

式中　n, n_x, n_y, n_z——边界外法线方向的方向余弦;

　　　　t_a——环境温度。

为简化计算,可将辐射换热边界等效为对流换热进行计算,则存在:

$$- k \frac{\partial T}{\partial n} = h (T - T_F) \tag{2-7}$$

$$h = \alpha_c + \alpha_r \tag{2-8}$$

式中　T_F——环境温度, K;

　　　　h——综合换热系数(包括辐射换热等效的对流换热系数和对流换热系数), W/(m² · K);

　　　　α_c——对流换热系数, W/(m² · K);

　　　　α_r——辐射等效的对流换热系数, W/(m² · K)。

2.2.3.1　对流边界

对流换热系数 α_c 可应用下式进行计算[45]:

$$\alpha_c = \frac{Nu \cdot \lambda}{d} \tag{2-9}$$

$$Nu = C \cdot (Gr \cdot Pr)^n \tag{2-10}$$

$$Gr = \frac{g \cdot d^3 \cdot (T - T_f)}{\nu^2 \cdot T} \tag{2-11}$$

式中　Nu——Nusselt 准数;

　　　　λ——空气的导热系数, W/(m · K);

　　　　d——特征长度, m;

　　　　Gr——Grashof 准数;

　　　　Pr——Prandtl 准数;

　　C, n——常数;

　　　　ν——空气的运动黏度, mm²/s;

　　　　T_f——环境温度,℃。

2.2.3.2　辐射边界

A　渣层上表面的辐射换热

铁水渣层上表面如图 2-2 实线所示，实际物体表面的辐射换热量很大程度决定于辐射角系数的大小。因此，在计算辐射换热边界时首先要考虑渣层与罐口间的辐射换热角系数。鱼雷罐车的罐口平面可以看作平行于渣层表面且与渣层表面中心位置相同的圆面，设其为平面 9（图 2-3）。

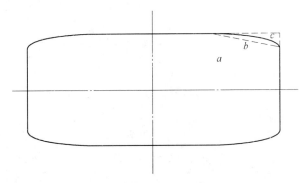

图 2-2　渣层上表面示意图

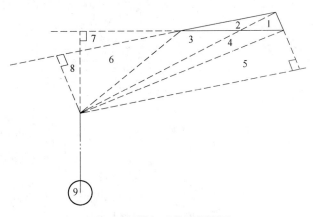

图 2-3　辐射角系数的推导图

辐射换热角系数计算方法比较复杂。因此，将鱼雷罐车罐口平面的 1/4 分解为平面 a 和平面 b，则平面 (a, b, c) 为一个长方形，而平面 (a, b) 为所求平面，根据辐射换热角系数的基本性质，存在 $F_{9,(ab)} = F_{9,(a,b,c)} - F_{9,(c)}$。由于 $F_{9,(c)}$ 的计算仍然很复杂，首先计算 $F_{9,(b,c)}$。其中，平面 (b,c) 为一个三角形平面。根据辐射换热角系数手册，圆面与平行于该圆面所在平面，且一个锐角顶点与其中心共线的直角三角形之间的辐射换热角系数可应用下式进行计算[98]（设圆面为平面 1 而三角平面为平面 2，如图 2-4 所示[98]）：

$$F_{12} = \frac{1}{4\pi X^2}\left[\frac{1}{YZ} + (1 + X^2)\tan^{-1}\left(\frac{Z}{Y}\right) - \int_0^{\tan^{-1}\left(\frac{Z}{X}\right)}\frac{1}{Z^2}\right.$$

$$\left.\sqrt{(Z^2 + X^2Z^2 - \sec^2\varphi)^2 - 4X^2Z^2\sec\varphi}\,\mathrm{d}\varphi\right] \tag{2-12}$$

式中，$X = R/D$；$Y = D/L_1$；$Z = D/L_2$。

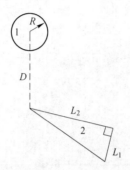

图 2-4　辐射角系数计算示意图

为计算实际罐口平面 9 对平面 (b, c) 的辐射换热角系数，可以通过构造 n 个与平面 9 平行且一个锐角顶点与其中心共线的直角三角形来进行计算，如图 2-3 所示（其中，为图示更为清晰，将求解平面的位置置于圆面的上方，其计算原理相同），根据角系数的基本性质[99]，存在：

$$F_{9,(1,2)} = F_{9,(1,4,5)} - F_{9,(5)} + F_{9,(2,3,6,8)} - F_{9,(6,8)} - \left[F_{9,(3,4,6,7)} - F_{9,(6,7)}\right] \tag{2-13}$$

将式（2-12）代入式（2-13）计算可得到 $F_{9,(1,2)} = 0.006 \ll F_{9,(1,2,3,4,5,6,8)} = 0.216$，认为 $F_{9,(1,2)}$ 可以忽略，即在图 2-2 中，$F_{9,(b,c)}$ 对于 $F_{9,(a,b,c)}$ 可以忽略，同样 $F_{9,(c)}$ 也可以忽略。

根据上述计算，在计算辐射换热角系数时可以近似地将渣层上表面看作一个长方形平面，则可通过计算得到罐口平面对渣层表面的辐射换热角系数。渣层对罐口平面的辐射换热角系数则可以通过辐射换热角系数的交互性得到。

计算渣层向罐口的辐射量时，可将罐口平面、渣层上表面和罐衬壁面之间按等效电路进行计算，其等效电路示意图如图 2-5 所示。

将罐口与渣层之间的罐衬壁面设为重辐射平面，则渣层向罐口的热辐射可通过式（2-14）进行计算[45]：

$$Q_{12} = \frac{E_{b1} - E_{b2}}{\dfrac{1 - \varepsilon_1}{\varepsilon_1 F_1} + R_{eq} + \dfrac{1 - \varepsilon_2}{\varepsilon_2 F_2}} \tag{2-14}$$

式中　E_{b1}——渣层总的辐射量；

　　　E_{b2}——罐口的总辐射量；

　　　ε_1——渣的黑度；

　　　ε_2——罐口的黑度；

　　　F_1——渣层的表面积；

　　　F_2——罐口的表面积。

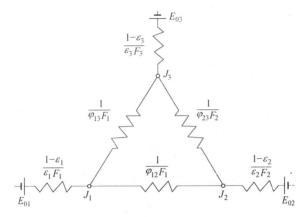

图 2-5　辐射等效电路示意图

R_{eq}可以通过式（2-15）计算：

$$\frac{1}{R_{eq}} = \varphi_{12}F_1 + \cfrac{1}{\cfrac{1}{\varphi_{13}F_1} + \cfrac{1}{\varphi_{23}F_2}} \tag{2-15}$$

$$\varphi_{13} = 1 - \varphi_{12} \tag{2-16}$$

$$\varphi_{23} = 1 - \varphi_{21} \tag{2-17}$$

式中　φ_{12}——渣层向罐口平面的辐射换热角系数；

　　　φ_{21}——罐口向渣层的辐射换热角系数。

通过上述计算可得到渣层向罐口的辐射热损失。这部分热损失可等效为对流，则其等效对流换热系数为：

$$\alpha_{rs} = \frac{Q_{12}}{(T - T_f) \cdot F_1} \tag{2-18}$$

式中　T——渣层表面温度；

　　　T_f——渣层上方空气的温度。

B　罐壳的辐射换热

鱼雷罐车外壳的辐射可等效为对应的对流换热，其计算式如下：

$$\alpha_{rw} = \frac{\varepsilon\sigma(T^4 - T_F^4)}{T - T_F}$$ (2-19)

式中 ε——黑度，值为 0.9；

σ——斯蒂芬-玻耳兹曼常数，其值为 $5.67 \times 10^{-8} \text{W}/(\text{m} \cdot \text{K})$；

T——罐壳温度；

T_F——环境温度，25℃。

计算结果如图 2-6 所示。

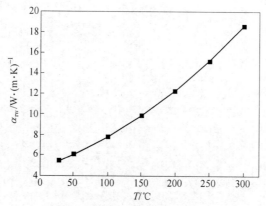

图 2-6 辐射等效对流换热系数 α_{rw}

2.2.4 网格划分

根据鱼雷罐车的对称性，应用六面体网格对鱼雷罐车模型进行划分，根据对称性，选取鱼雷罐车模型的 1/4 作为研究对象，鱼雷罐车和铁水的网格模型如图 2-7 所示。

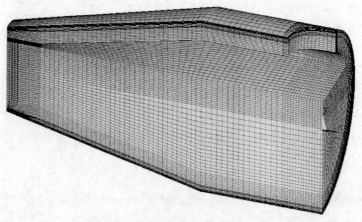

图 2-7 鱼雷罐车和铁水网格划分情况

2.2.5　求解

模型的求解流程如图 2-8 所示。

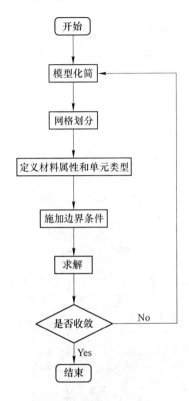

图 2-8　模型计算流程图

将时间求解域按步长 Δt 分割，给定初始条件后，对每一个时间步长先求解热传导方程再按后差分方法递推求解：

$$\left\{\frac{1}{\Delta t}C + K\right\}\{T\}_{t+\Delta t} = \left\{\frac{1}{\Delta t}C\right\}\{T\}_{t} + \{F\}_{t} \qquad (2\text{-}20)$$

式中　C——热容矩阵，一般用集总热容；

　　　K——热传导矩阵；

　　　F——温载荷矩阵，包括边界条件的所有矩阵；

　　　T——节点温度列阵。

一般情况下，这种后差分计算格式的计算精度随着时间步长 Δt 减小而提高，但 Δt 太小时，计算结果不易收敛。实际计算中在不影响计算结果准确性的前提条件下，可以适当放大 Δt 的值以节省计算时间。

2.3   结果与讨论

2.3.1   烤包阶段鱼雷罐车罐衬温度场

烤包阶段，在鱼雷罐车内表面施加恒温为 1000℃ 的温度载荷，采用稳态传热模型计算其温度场。鱼雷罐车烤包结束后温度分布如图 2-9 所示。从图 2-9 可以看出，烤包结束后鱼雷罐车罐衬温度由内向外逐渐降低。由于各层材料的材质和导热系数不同，各层内的温度变化也不相同。在鱼雷罐车底部垂直于罐衬材料方向的中线温度分布如图 2-10 所示。从图 2-10 中可以看出，鱼雷罐车罐衬的温度分布曲线是一条折线。由于罐衬各层材料的物理性能参数不同，鱼雷罐车耐火衬各层材料内温度分布曲线的斜率不同。材料的导热系数越小，其接触热阻越大，则在此材料层分布的温度其斜率越大。鱼雷罐车外壁的温度约为 300℃。

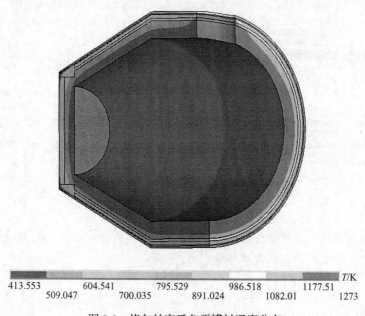

| 413.553 | 604.541 | 795.529 | 986.518 | 1177.51 | *T*/K |
| 509.047 | 700.035 | 891.024 | 1082.01 | 1273 | |

图 2-9   烤包结束后鱼雷罐衬温度分布

鱼雷罐车的运行状态大致可以分为三种：第一种是鱼雷罐车只运输铁水的重罐状态，该状态下铁水的温降主要由罐衬的保温性能和运送时间决定。第二种是近年来将铁水预处理过程引入鱼雷罐车的重罐运行状态，该状态下铁水的温降除受到鱼雷罐车保温性能和运行时间影响外，还受到铁水预处理的影响。铁水预处理过程根据钢厂的实际情况，主要进行脱硫操作，根据铁水预处理的强度和铁水预处理的时间不同对铁水造成的影响也不相同。铁水预处理的强度越高，预处理

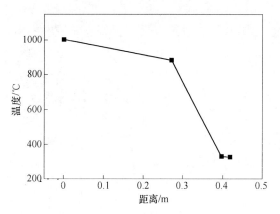

图 2-10 轴向所选路径温度分布

进行的时间越长,铁水温降越大。第三种则是鱼雷罐车的空罐运行状态。为考察整个鱼雷罐车的运行状态,特别是罐衬蓄热的影响,首先考察其在新包状态的热损失情况。

2.3.2 铁水温降的影响因素

2.3.2.1 烤包温度对铁水温降的影响

如图 2-11 所示,铁水温降随着鱼雷罐衬烤包温度的提高而减小。从结果来看,烤包温度提高 100℃ ,相应的铁水在 270min 运送过程中的温降会减少 10℃ 左右。

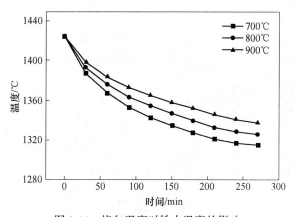

图 2-11 烤包温度对铁水温度的影响

由模拟结果可知,鱼雷罐车新包状态下,初始烤包温度对鱼雷罐车铁水在运输过程中的温降有较为明显的影响。分析认为在新包状态下的鱼雷罐车中,铁水的热量损失主要为罐衬的蓄热损失。罐车采用高导热的 ASC 砖作为工作衬，鱼雷罐车内铁水热量通过传导传热大量损失。提高鱼雷罐车的烤包温度，即提高了鱼雷罐衬的初始温度，从而减小罐衬的蓄热损失。同时，内衬温度越高，衬壁与铁水的接触传热损失越小。如果不对罐衬进行烤包，初始罐衬温度过低，会导致第一炉铁水温降剧烈。不仅会造成铁水凝固、结壳以致结瘤，也会对鱼雷罐车罐衬造成不良影响。当然，烤包温度过高会造成不必要的能量损失，同时浪费大量的时间。现场的烤包温度通常为 900~1100℃。本章主要讨论烤包温度为 1000℃ 时，鱼雷罐车中铁水温降的影响因素。

2.3.2.2 罐口加盖对鱼雷罐车保温效果的影响

在鱼雷罐车运行过程中，铁水热量主要通过罐衬蓄热、罐壳散热和铁水上表面渣层散热损失。针对铁水上表面渣层散热，可以在鱼雷罐车罐口加盖以减少这部分热损失。图 2-12 所示为鱼雷罐车在加盖和不加盖条件下运行 270min 后铁水及罐衬的温度分布情况，可以明显看到鱼雷罐车罐衬温度由内向外递减的趋势。

鱼雷罐车是否加盖对铁水温度的影响如图 2-13 所示。由模拟结果可知，鱼雷罐车罐口加保温盖可使铁水末态平均温度提高约 9℃。分析认为，随着时间的延长，鱼雷罐车内衬从高温铁水处不断吸热，自身温度不断升高，从而通过鱼雷罐衬蓄热而损失的热量在总热量损失中所占比例不断减小。与此同时，渣层上表面通过辐射对流而损失的热量随着渣层温度的升高而有所增加，因渣层上表面辐射对流而造成的铁水温降在总温降中所占比例相对提高。可见，对于长距离的运输过程，在鱼雷罐车罐口加盖是十分有效的保温措施之一，且随着运输时间的延长其保温效果更加明显。

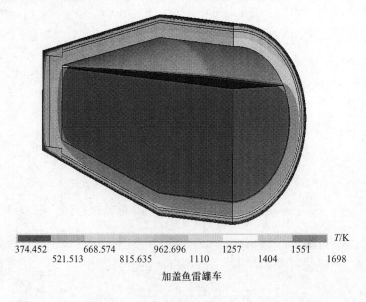

| 374.452 | | 668.574 | | 962.696 | | 1257 | | 1551 | *T*/K |
| 521.513 | | 815.635 | | 1110 | | 1404 | | 1698 |

加盖鱼雷罐车

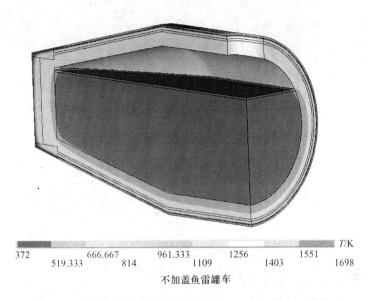

							T/K
372		666.667		961.333		1256	1551
	519.333		814		1109		1403	1698

不加盖鱼雷罐车

图 2-12　加盖与不加盖鱼雷罐车运行 270min 后罐内温度分布

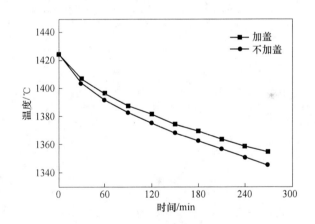

图 2-13　鱼雷罐车是否加盖对铁水温度的影响

2.3.2.3　渣层初始温度对鱼雷罐车保温效果的影响

渣层厚度为 40mm 时，其初始温度对鱼雷罐车内铁水温降的影响如图 2-14 所示。

由图 2-14 可知，鱼雷罐车渣层的初始温度对铁水温降的影响很小，且在实际生产过程中，渣层温度不便控制。因此，本研究认为在对鱼雷罐车进行保温研究的过程中该影响因素可忽略不计。

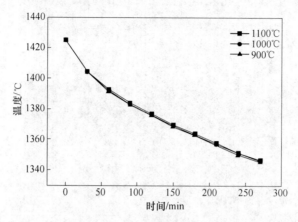

图 2-14 不同渣层温度对铁水温度随时间变化影响

2.3.2.4 工作层厚度对鱼雷罐车保温效果的影响

本实验选取了工作层厚度分别为 197mm、237mm 和 277mm 的鱼雷罐车，进行单因素模拟研究。图 2-15 为铁水末态平均温度随工作层厚度减小的变化趋势。图 2-16 和图 2-17 则是所选路径（节点 73136，节点 13111）上末态罐衬温度分布云图和对应的数值曲线。

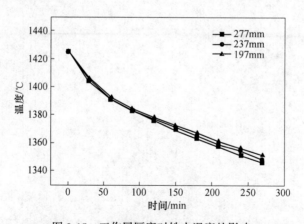

图 2-15 工作层厚度对铁水温度的影响

数学模拟结果表明，通过改变内衬材料厚度会对鱼雷罐车的保温性能造成完全相反的两种影响：一方面，减薄罐衬厚度意味着增加了铁水的盛装量，相当于增加了初始时刻铁水内部总热量，并且，在罐衬蓄热尚未平衡的阶段，冷的罐衬不断从热的铁水处吸收热量，罐衬减薄，从蓄热的角度来讲，相当于少加热了减薄部分的罐衬，这样从总的蓄热损失来讲是减小的。从这两点来看减薄工作层厚

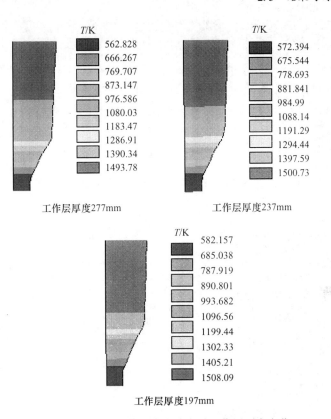

工作层厚度277mm   工作层厚度237mm

工作层厚度197mm

图 2-16　轴向所选路径温度分布随工作层厚度变化

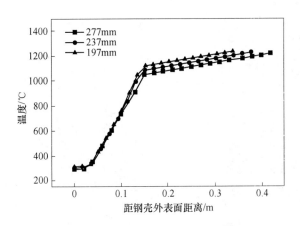

图 2-17　轴向所选路径温度分布随工作层厚度变化曲线

度对提高铁水末态温度是有利的，同样也符合图 2-15 所示的计算结果。另一方面，图 2-16 和图 2-17 模拟计算结果显示，减薄工作层厚度也增大了罐衬外壳的温度，每减薄工作层 40mm，罐壳的温度约上升 10℃。罐壳温度的上升，会造成铁水热量损失的增大。综合考虑上述情况，在烤包刚结束的时候，工作层厚度每减薄 40mm，铁水在经过 270min 的运输过程后，平均温度可提高约 3℃。

但是，当鱼雷罐车在长时间运输后蓄热基本达到平衡，其热量主要以罐壳向外界散热为主，此时减薄工作层厚度反而会降低罐衬的保温性能。另外，减薄罐衬工作层厚度还会造成鱼雷罐车热力学性能的大幅度下降。因此，减薄工作层厚度并不是提高鱼雷罐车保温性能的有效方式。

2.3.2.5 永久层厚度对鱼雷罐车保温效果的影响

为考察永久层厚度对鱼雷罐车保温性能的影响，本实验选取了永久层厚度分别为 52mm、72mm 和 92mm 的鱼雷罐车，进行单因素模拟研究。图 2-18 为铁水末态平均温度随永久层厚度减小的变化趋势。图 2-19 和图 2-20 则是所选路径（节点 73136，节点 13111）上末态罐衬温度分布云图和对应的数值曲线。

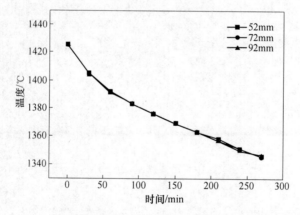

图 2-18 永久层厚度对铁水温度的影响

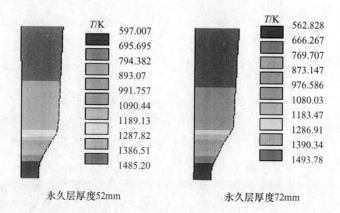

永久层厚度52mm   永久层厚度72mm

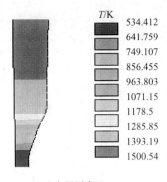

| T/K |
| 534.412 |
| 641.759 |
| 749.107 |
| 856.455 |
| 963.803 |
| 1071.15 |
| 1178.5 |
| 1285.85 |
| 1393.19 |
| 1500.54 |

永久层厚度92mm

图 2-19 轴向所选路径温度分布随永久层厚度变化

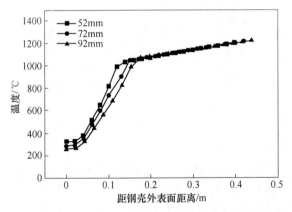

图 2-20 轴向所选路径温度分布随永久层厚度变化曲线

如图 2-18 所示,与工作层情况类似,减薄永久层的厚度也可增加铁水的盛装量,但最终计算结果表明,减薄永久层厚度对铁水末态平均温度基本没有影响。分析认为,减薄永久层厚度对外壳温度的影响远大于减薄工作层厚度造成的影响,如图 2-19 和图 2-20 所示。永久层减薄 20mm 时,其外壳温度提升 30℃ 以上,远大于减薄工作层 40mm 对罐壳造成的影响。外壳温度升高而损失的热量基本与减小的这部分耐火材料衬需要的蓄热损失持平。因此,在铁水运输末态,综合上述因素的影响,减薄永久层厚度对鱼雷罐车保温性能的综合影响非常小,基本可以忽略不计。通过上述分析可知,改变工作层和永久层厚度对鱼雷罐车保温性能的影响是综合性的,必须根据实际材料的物理性质和工作情况具体分析,但从分析结果来看,对于长期使用的罐体,由于其蓄热平衡已经稳定,罐壳散热成为主要热损失原因,减薄罐衬工作层、永久层厚度会对鱼雷罐车的保温效果造成不利影响。

2.3.2.6 工作层导热系数对鱼雷罐车保温效果的影响

选取工作层导热系数分别为 15W/(m·K)、10W/(m·K) 和 5W/(m·K) 的
鱼雷罐车，进行单因素模拟研究。图 2-21 为铁水末态温度随工作层厚度减小的
变化趋势。图 2-22 和图 2-23 则是所选路径（节点 73136，节点 13111）上末态罐
衬温度分布云图和对应的数值曲线。

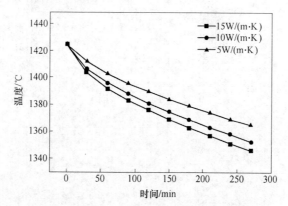

图 2-21　工作层导热系数对铁水温度的影响

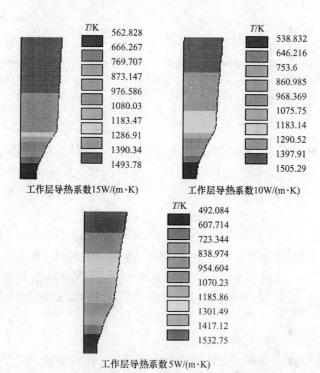

工作层导热系数15W/(m·K)　　工作层导热系数10W/(m·K)

工作层导热系数5W/(m·K)

图 2-22　轴向所选路径温度分布随工作层导热系数变化

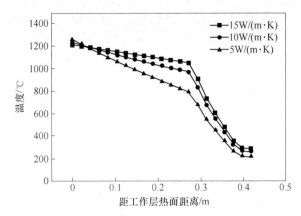

图 2-23 轴向所选路径温度分布随工作层导热系数变化曲线

如图 2-21 所示，改变工作层的材质，会对鱼雷罐车的保温性能造成较大的影响。当工作层材料的导热系数由 15W/(m·K) 减小到 5W/(m·K)，铁水运输 270min 后其平均温度可以提高约 20℃，其罐壳温度则由 290℃减小至 220℃。分析认为，如图 2-22 和图 2-23 所示，随着工作层导热系数的减小，到达末态时刻，鱼雷罐车内部耐火材料衬的温度整体呈现下降趋势。分析认为，工作层使用导热系数较小的材料时，工作层的热阻增大，表现为工作层内部温度梯度增大，从而降低了末态永久层热面的温度。鱼雷罐衬内部的变化导致罐车总体蓄热损失的减小，与此同时减小工作层的导热系数还有效地降低了罐壳的温度，从而有效地达到了保温的目的。

虽然减小工作层导热系数带来的效果是十分明显的，但是，一方面，工作层导热系数减小对铁水温降的减小很大一部分是由于其内衬蓄热损失的减小，这部分热损失随着罐衬合理的长期工作后逐渐减小，达到平衡以后，这部分热损失不再是铁水热量损失的主要原因。

另一方面，直接在工作层使用的材料必须具有较高的热力学性能（抗压强度达到数十兆帕）及较高的温度适用范围，以适应与铁水直接接触的高温作业和铁水倒入、倒出过程的冲刷、压应力作用。这些要求导致可供工作层选择的材料十分有限，并且工作层的厚度最多可达到 300mm。按其对铁水末态温度的提升效果和将工作层改用价格昂贵的低热导率材料需要的成本来讲，会造成资源和资金的严重浪费。因此，通过改变工作层材料来提高鱼雷罐车的保温性能并不现实。

2.3.2.7 永久层导热对鱼雷罐车保温效果的影响

本实验选取了永久层导热系数分别为 1.5W/(m·K)、1.0W/(m·K) 和 0.5W/(m·K) 的鱼雷罐车，进行单因素模拟研究。图 2-24 为铁水末态温度随工作层厚度减小的变化趋势。图 2-25 和图 2-26 则是所选路径（节点 73136，节点 13111）上末态罐衬温度分布云图和对应的数值曲线。

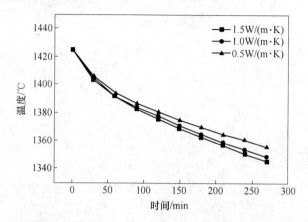

图 2-24 永久层导热系数对铁水温度的影响

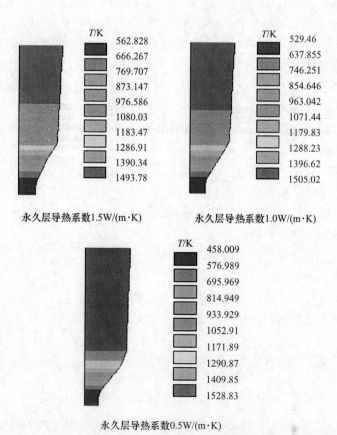

图 2-25 轴向所选路径温度分布随永久层导热系数变化

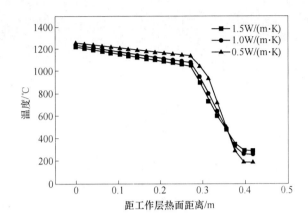

图 2-26 轴向所选路径温度分布随永久层导热系数变化曲线

由图 2-24 可知，减小永久层的导热系数，可以在一定程度上降低铁水末态平均温度。如图 2-25 和图 2-26 所示，在永久层应用导热系数较小的材料同样可以有效地降低罐壳温度，将永久层的导热系数由 1.5W/(m·K) 减小至 0.5W/(m·K) 时，其罐壳外部温度可由 290℃ 降低至 185℃，相比于将工作层导热系数由 15W/(m·K) 降低至 5W/(m·K)，其对罐壳温度影响更为明显。但是，与此同时，减小永久层导热系数会增加永久层的热阻，使工作层和部分永久层温度相对较高，从而增加了罐衬的总蓄热量。因此，在蓄热未达平衡前，减小永久层导热系数虽然更大程度地降低了外壳的温度，从总体上来说对铁水末态温度的提高幅度却不如减小工作层的导热系数。

由以上分析可知，鱼雷罐车罐衬材料的导热系数对鱼雷罐车保温性能的影响十分明显。当鱼雷罐衬耐火材料选用导热系数较小的材料时，其保温效果有了明显的提高。当然，为了保证鱼雷罐车的力学性能同时降低鱼雷罐车的生产成本，将工作层和永久层全部替换为保温材料是不现实的，因此，本研究考虑在罐壳与永久层之间添加一定厚度的保温材料制得的保温层。

2.3.2.8 添加保温层对鱼雷罐车保温效果的影响

本实验选取了导热系数分别为 0.5W/(m·K)、0.1W/(m·K) 的保温材料作为保温层添加在永久层与钢壳之间，进行单因素模拟研究并与原鱼雷罐车进行对比。取保温层厚度为 16mm，相应的永久层厚度减薄 16mm，鱼雷罐车容积保持不变。图 2-27 为铁水末态平均温度随工作层厚度减小的变化趋势。图 2-28 和图 2-29 则是所选路径（节点 73136，节点 13111）上末态罐衬温度分布云图和对应的数值曲线。

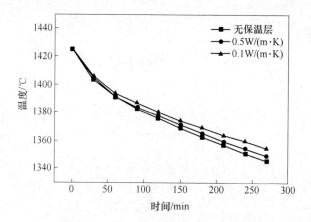

图 2-27　保温层导热系数对铁水温度的影响

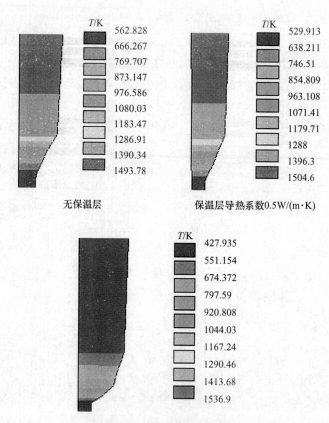

图 2-28　轴向所选路径温度分布随保温层导热系数变化

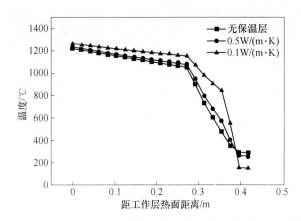

图 2-29 轴向所选路径温度分布随保温层导热系数变化曲线

如图 2-28 和图 2-29 所示，在鱼雷罐车中添加保温层可以有效地降低罐壳温度，且保温层的导热系数越小，铁水末态温度越高，罐壳温度越低。添加导热系数为 0.5W/(m·K) 的保温层，其罐壳外部温度可降低至 257℃，添加导热系数为 0.1W/(m·K) 的保温层，其罐壳外部温度可进一步降低至 155℃，相比于将工作层导热系数由 15W/(m·K) 降低至 5W/(m·K) 和将永久层导热系数由 5W/(m·K) 减小至 0.5W/(m·K)，其对罐壳温度影响更为明显。由图 2-27 可知，使用 16mm 导热系数为 0.1W/(m·K) 的保温层，铁水末态平均温度与将全部永久层应用导热系数为 0.5W/(m·K) 的保温材料时基本相同。相对于将永久层全部应用保温材料，在永久层与钢壳之间添加保温层更易于实现。另外，在永久层与钢壳之间添加保温层其保温机理与永久层全部使用保温材料不同。如图 2-28 和图 2-29 所示，添加保温层后，整个鱼雷罐衬内部的温度得到了很好的提升，外部温度大幅度下降。将永久层全部应用保温材料，则是增大了永久层内部的温度梯度，即部分永久层的温度较原来有所提高，而部分永久层的温度则是有所下降。简而言之，添加保温层相对于直接在永久层使用保温材料，既减少了材料的用量，又降低了鱼雷罐车外壳的温度，就目前分析来看，是较为合理的保温方式。

由上面分析可知，保温层导热系数越小，鱼雷罐车的保温效果越好，为了保证保温层添加后的保温效果，目前保温层材料的研究方向主要在于如何减小其导热系数以达到更好的绝热效果。

2.3.2.9 空罐时间对鱼雷罐车保温效果的影响

由于在空罐运行状态时，罐衬温度随时间大幅度下降，因此在考虑铁水运输过程温降时，空罐运行过程也是必须考虑的。如图 2-30 所示，空罐是否加盖及空罐时间对鱼雷罐车运行有很大的影响。对于不加盖的罐，空罐时间每延长1h，会造成下一炉铁水温降增加约8℃。而加盖的罐，空罐时间每延长1h，下一炉铁水温降平均下降5℃。因此，对空罐加盖并尽量减少空罐时间，是鱼雷罐车保温的有效措施。目前，钢铁厂的铁水运输周期多为2.5个周期每天，即空罐时间约为4.5h，如果在空罐时间鱼雷罐车敞口运行，其内衬温度会大幅度下降，甚至低于烤包结束后的罐衬温度。为保证生产的正常运作，合理的规划运输周期是降低铁水能耗的必要措施。与此同时，在生产过程中还必须注意检查鱼雷罐车的温度状态，对于空罐时间过长的鱼雷罐车，必须经过烤包才能继续投入使用。

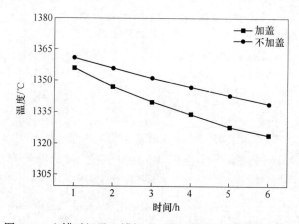

图 2-30　空罐时间及空罐加盖对鱼雷罐车铁水温度的影响

2.4　本章小结

本章以某钢厂鱼雷罐车为数学模拟计算原型，通过建立鱼雷罐车铁水运输过程的数学模型，对鱼雷罐车在铁水运输过程中温降的影响因素进行了单因素数学模拟计算，得到如下结论：

（1）鱼雷罐车运输过程中温降的影响因素众多，模拟计算结果表明：铁水在270min运送过程中，烤包温度提高100℃，相应地温降会减少10℃左右；加保温盖可使铁水末态平均温度提高约9℃，渣层对铁水温度影响不大。

（2）空罐时间对铁水温降影响较大，对于不加盖的罐，每延长1h，会造成下一炉铁水温降增加约8℃。而加盖的罐，空罐时间每延长1h，下一炉铁水温降平均下降5℃。

（3）减薄工作层和永久层厚度对末态铁水平均温度影响不大。工作层和永久层的导热对铁水温降都有较大影响，当工作层材料的导热系数由15W/(m·K)减小到5W/(m·K)，铁水温度可以提高20℃，同时其罐壳温度可由290℃降低至 220℃。永久层的导热系数由 1.5W/(m·K) 减小至 0.5W/(m·K) 时，铁水温度可以提高 10℃，同时其罐壳温度可降低至 185℃。

（4）在永久层与钢壳之间添加 16mm 导热系数为 0.1W/(m·K) 的保温层，可使铁水温度提高约 10℃，而其罐壳外部温度可降低至 155℃，较添加导热系数为 0.5W/(m·K) 的保温层，其罐壳温度降低约 100℃。较将工作层、永久层应用导热系数较小的材料，在永久层与罐壳间添加保温层对鱼雷罐车保温性能的提高更具有可操作性。

3 钢包内钢水温降的研究

钢包是冶金工业的重要热工设备，主要起着盛接、转运、精炼和浇注钢水的作用。随着冶金工业的快速发展和技术进步，钢包的作用日益显著，并日趋功能化[100]。

钢包主要由钢包壳、耐火材料内衬和启闭控制系统组成，其中耐火材料内衬又可分为工作层和永久层。钢包内的钢水温度及其在钢包内温降不但直接影响冶炼过程和钢材质量，同时对经济效益及生产安全也具有重要影响。要控制好钢水温度，弄清钢水在钢包内的传热行为至关重要。采用数值模拟能够比较准确地计算复杂结构的钢包包衬的传热过程。

本研究以某钢厂 120t 钢包为原型，根据钢包衬体耐火材料砌筑尺寸建立有限元传热模型，研究了钢包内衬耐火材料的材质、砌体结构和覆盖剂厚度等对钢水温降的影响，确定了钢水温降的主要机理及影响因素，为进一步优化钢包保温性能提供理论依据。

3.1 钢包原型

某钢厂的钢包公称容量为 120t，最大容量为 135t。钢包上部直径为 3660mm，下部直径为 3440mm，钢包高度为 4110mm。钢包衬体由外至内依次为钢壳层、永久层和工作层。其中，钢包永久层衬体采用的是高铝质浇注料（主要成分含量为：$w(Al_2O_3) = 70\%, w(SiO_2) = 28\%$），工作层采用的是镁碳砖（主要成分含量为：$w(MgO) \geqslant 78\%, w(C) \geqslant 11\%$）。钢包包底和包壁各层材料的厚度分别见表 3-1 和表 3-2，钢包的砌筑结构和三维模型如图 3-1 所示。包衬各层材料的物理属性见表 3-3。

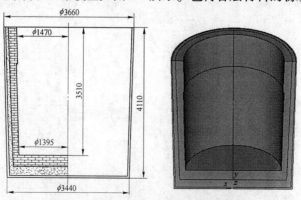

图 3-1　钢包的结构简图和三维模型图

表 3-1 钢包包底各层材料的厚度

包 底	工作层 （冲击区）	工作层 （非冲击区）	永久层	钢壳层
材料	镁碳砖	镁碳砖	高铝浇注料	高碳钢
厚度/mm	350	300	250	50

表 3-2 钢包包壁各层材料的厚度

包 壁	工作层 （熔池）	工作层 （渣线）	永久层	钢壳层
材料	镁碳砖	镁碳砖	高铝浇注料	高碳钢
厚度/mm	203	230	100	30

表 3-3 各层材料的物性参数

材 料	导热系数 $/W \cdot (m \cdot K)^{-1}$	比热容 $/J \cdot (kg \cdot K)^{-1}$	密度 $/kg \cdot m^{-3}$
钢包壳	45	465	7800
高铝浇注料	$(1.31 \sim 1.16) \times 10^{-3} t$	1000	2500
镁碳砖	$(13.647 \sim 38) \times 10^{-4} t$	1130	3000

3.2 数学模型建立

3.2.1 基本假设

在生产过程中钢包进行周期性的工作，高温钢水通过钢包衬的传热过程为周期性的非稳态传热。当钢包衬体材料蓄热达到饱和时，其传热过程基本稳定，钢包外表面温度达到最大值，钢包外表面向外散热的热流率也最大。根据钢包的使用特点，本研究按照非稳态传热过程计算钢包衬体和钢水的温度场分布及散热损失。现将传热模型做如下假设：

（1）忽略钢包各层耐火材料间及耐火材料与钢壳间的接触热阻；

（2）转炉出钢完毕后，钢水温度均匀，不存在热分层现象；

（3）忽略钢水、渣层内部的质量传输；

（4）忽略钢水、渣层内部的对流，假设以传导传热为主；

（5）假设钢包内耐火材料为各向同性。

3.2.2 传热控制方程

将钢水热量通过钢包衬体的传递看作三维非稳态传热过程。根据钢包的结构特点，可以把钢包简化为轴对称体进行分析，温度控制方程根据 Fourier 热传导定律和能量守恒定律建立柱坐标系的热量传输方程[41]：

$$\rho c \frac{\partial t}{\partial \tau} = \lambda \left[\frac{1}{r} \frac{\partial}{\partial r} \left(r \frac{\partial t}{\partial r} \right) + \frac{1}{r^2} \frac{\partial^2 t}{\partial \varphi^2} + \frac{\partial^2 t}{\partial z^2} \right] \tag{3-1}$$

式中　ρ——材料的密度，kg/m^3；

　　　c——材料的比热容，$J/(kg \cdot K)$；

　　　t——温度，℃；

　　　φ——方位角；

　　　τ——时间，s；

　　　λ——材料的导热系数，$W/(m \cdot K)$。

3.2.3　初始条件和边界条件

（1）初始条件：

$$t = t_0(r, z, \tau_0) \tag{3-2}$$

钢水经过 LF 精炼和升温后，可以认为钢包包衬蓄热达到平衡。假设钢水的初始温度为 1600℃。

（2）边界条件：

$$t = t(r, z, \tau) \tag{3-3}$$

与鱼雷罐车类似，钢包外壁与周围空气之间以对流和辐射的形式进行换热，可按第三类边界条件进行处理。钢包外壁的边界方程为：

$$-k \frac{\partial t}{\partial n} = h(t - t_f) \tag{3-4}$$

式中　t_f——环境温度，℃；

　　　h——综合换热系数，$W/(m^2 \cdot K)$。

钢包外壁和覆盖渣层外表面与周围介质传热有对流传热和辐射传热两种，为简化计算，将其折算成综合换热系数进行计算。对流换热系数 α 按式（2-9）~式（2-11）求解。

将辐射热损失等效为对流换热进行计算，见式（2-19）。

3.2.4　网格划分

根据计算精度的不同要求设置网格的密度。瞬态分析所使用的单元采用三维6节点四面体单元。根据对称性，选取钢包模型的 1/4 作为研究对象。钢包和钢水的网格模型图如图 3-2 所示。

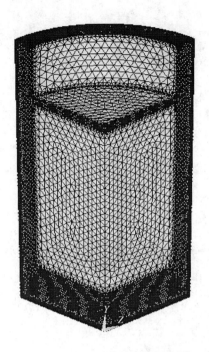

图 3-2 钢包和钢水的网格划分图

3.2.5 求解

钢包模型的计算求解方法与鱼雷罐车类似，见式 (2-20)。

3.3 结果与讨论

3.3.1 烤包阶段包衬温度场

烤包阶段，在钢包内表面施加恒温为 1000℃ 的温度载荷，空气温度为 25℃，利用有限元模型，进行模拟计算，得到钢包各层的温度场分布，如图 3-3 所示。从图 3-3 中可以看出，钢包包衬温度由内向外逐渐降低，由于各层材料的材质和导热系数不同，各层耐火材料衬的温度变化也不相同。在钢包中部沿包衬材料的径向选择输出路径。图 3-4 所示为距钢包底部 1250mm 处包衬的温度径向分布曲线。从图 3-4 中可以看出，钢包内衬的温度分布曲线近似折线。由于包衬各层材料的物理性质不同，各层材料内温度分布曲线的斜率也不同。永久层高铝质耐火材料的导热系数最小，因此永久层内部斜率最大，温度下降最多。烤包结束时，钢包外壁的温度约为 280℃，基本与现场测得的钢包外壁温度一致。

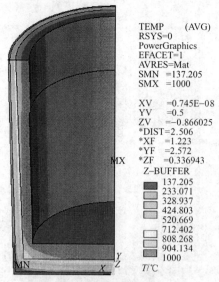

图 3-3　钢包包衬温度场云图

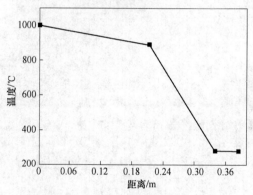

图 3-4　钢包包衬的径向温度分布

3.3.2　钢水温降影响因素分析

与鱼雷罐车不同的是，钢水在烤包后运行 3~5 个周期后其温度分布即达到稳态。并且，钢包多为连续作业，不必考虑空罐时间的影响。因此，对钢包中钢水温降影响因素的分析，以钢包内达到稳态平衡后的温度分布作为初始条件，对钢包温度场进行模拟分析。

钢包静置 15min 后，钢水平均温度值为 1591.31℃，即钢水温度下降了8.69℃，钢水的平均温降速率为 0.5793℃/min。表 3-4 为现场提供的部分炉次的钢水精炼数据，其钢水平均温降速率为 0.5938℃/min。可见，现场钢水温降速率与数值模拟的结果符合良好。

表 3-4 现场钢水精炼数据

炉号	出站时间	出站温度/℃	吊包时间	吊包温度/℃	平均温降速率 /℃·min⁻¹
12Y5-00002	1：46	1590	1：54	1588	0.250
12Y5-00003	2：33	1587	2：41	1578	1.125
12Y5-00004	3：03	1592	3：11	1587	0.625
12Y5-00006	4：20	1590	4：28	1587	0.375

3.3.2.1 永久层导热系数对钢水温降的影响

气孔率和材质的化学组成对材料导热系数有明显的影响。由于气孔率和晶体结构不同，不同材料的导热系数也不一样。包衬耐火材料的导热系数会影响钢包温度场的分布和钢水的温降速率，所以通过分析材料导热系数对钢水温降损失的影响，可以合理选择包衬材料。

通过对鱼雷罐车罐体的分析研究，认为改变工作层材料会降低罐体热力学性能，减少其使用寿命，钢包的工作层也存在类似问题。因此，对于钢包中钢水影响因素的分析，只考虑永久层材质的影响。

为考察永久层材料导热系数对钢水温降的影响，选取导热系数 k 分别为 2.5W/(m·K)、2.0W/(m·K)、1.5W/(m·K)、1.2W/(m·K) 和 0.5W/(m·K) 的材料作为钢包的永久层，进行单因素模拟研究。钢包静置 15min 后，不同永久层导热系数的钢包温度场如图 3-5 所示。

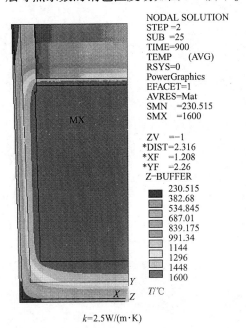

k=2.5W/(m·K)

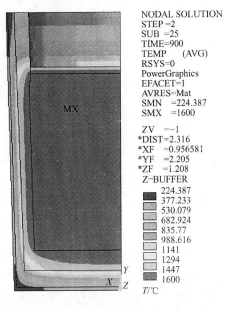

k=2.0W/(m·K)

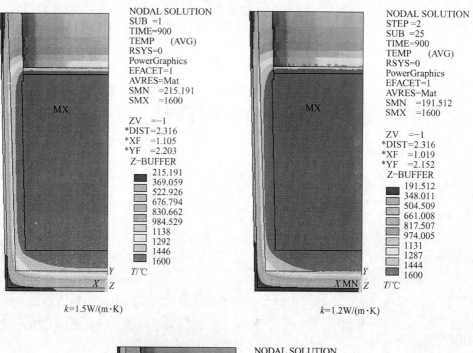

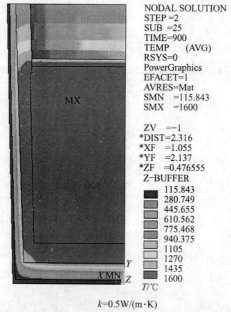

图 3-5 不同永久层导热系数的钢包温度场分布

从温度场分布图中可以看出，随着钢包永久层导热系数的降低，钢包内壁温度升高，外壳温度降低。由于钢包静置过程中温降较小，温降曲线变化不明显，为便于观察，钢包中钢水温度的变化主要通过其末态平均温度和温降速率的变化进行考察。

表 3-5 列出了钢水静置 15min 后的平均温度，其对应的钢水平均温降速率如图 3-6 所示。由表 3-5 和图 3-6 可知，随着永久层所用材料导热系数的增加，钢水的温降速率呈增大趋势。分析认为，永久层导热系数的减小，增大了永久层的热阻，表现为永久层内部冷热面温度梯度的增大。为方便观察罐衬内部的温度变化，在钢包内部选取包底部 1250mm 处包衬的温度径向路径，并列出其温度分布值如图 3-7 所示。由图 3-7 可知，随着永久层导热系数的增大，工作层温度降低，钢包外壳温度升高，钢水热量损失增大。当 $k = 2.5$W/(m·K) 时，钢包外壳温度高达 593.3℃，热量损失严重，而当 $k = 0.5$W/(m·K) 时，包壳温度降低 222℃，减少了一半以上。过高的外壳温度会加大钢壳承受的热应力，降低其安全系数。正常工作的钢包外壁温度一般为 200~500℃。从合理的温度分布来看，永久层应选择导热系数低于 1.5W/(m·K) 的耐火材料。通过以上分析可以看出，永久层材料导热系数越小，钢包的保温效果越好。

表 3-5　不同永久层导热系数的钢包中钢水的平均温度

永久层导热系数 / W·(m·K)$^{-1}$	2.5	2.0	1.5	1.2	0.5
平均温度/℃	1587.13	1588.35	1589.91	1591.31	1595.00

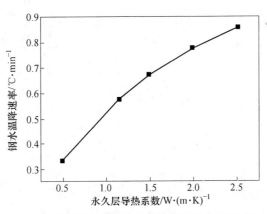

图 3-6　永久层导热系数对钢水温降速率的影响

3.3.2.2　覆盖剂厚度对钢水温降的影响

与鱼雷罐车不同，钢包上表面辐射由于没有类似鱼雷罐车的罐口周围的壁面阻挡，渣层上表面辐射热损失很大。钢水表面的钢渣起着一定的隔热保温作用，能有效减少钢水上表面的辐射热损。但是，炉渣与高温的钢水接触，温度不断

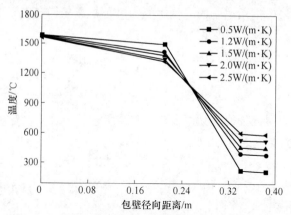

图 3-7 径向所选路径温度分布随永久层导热系数变化

升高，渣层上表面辐射、对流热损失仍十分明显。若在渣层上再加入一些覆盖剂，则能够有效降低渣层的辐射传热。为了考察添加覆盖剂及覆盖剂厚度对钢水温降速率的影响，本研究分别进行了无覆盖剂，覆盖剂厚度为 40mm、80mm 的三组实验。该覆盖剂的物理性质参数见表 3-6。模拟结果表明，在渣层表面添加覆盖剂对钢水温度有一定的影响。

表 3-6 覆盖剂的物理性质参数

参数	导热系数 /W·(m·K)$^{-1}$	热容量 /J·(kg·K)$^{-1}$	密度 /kg·m^{-3}	黑度系数 ε
覆盖剂	0.035	1000	70	0.6

加入不同厚度覆盖剂对钢水温降速率的影响如图 3-8 所示。从图中可以看出，由于覆盖剂的导热系数极低，隔热效果好，在渣层上添加覆盖剂，可以提高钢渣的温度，从而提高了钢水的温度。另外，覆盖剂良好的隔热效果使其上表面的温度低于 100℃，降低了通过其表面的辐射传热，提高了钢包保温效果。钢包静置 15min 后，采用不同厚度覆盖剂的钢水的平均温度见表 3-7。从表中可以看出，加入少量覆盖剂后（覆盖剂厚度 40mm），可使钢水末态平均温度有所提升，但是继续增加覆盖剂厚度至 80mm，则对钢水温度影响较小。覆盖剂厚度对钢水温降速率的影响如图 3-8 所示。由图 3-8 可知，加 40mm 覆盖剂，能使钢水的温降速率从 0.5793℃/min 下降至 0.5393℃/min；但继续添加覆盖剂至 80mm 后，钢水的温降速率为 0.5387℃/min，基本与加入 40mm 的效果相同。可见，钢渣表面是否加覆盖剂，对通过上表面的热损失影响较大。增大覆盖剂厚度对钢水的保温有一定作用，但是覆盖剂对钢水上表面热损失的影响存在一个临界厚度，低于临界厚度，覆盖剂厚度的变化对钢水温度升高有一定作用，高于临界厚度，再增加覆盖剂的厚度，则钢水温度变化不大。

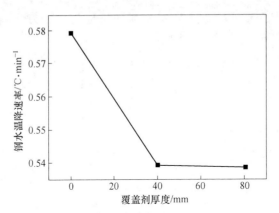

图 3-8 覆盖剂厚度对钢水温降的影响

表 3-7 不同覆盖剂厚度的钢包中钢水的平均温度

覆盖剂厚度/mm	0	40	80
平均温度/℃	1591.31	1591.91	1591.92

对于覆盖剂厚度不同的钢包，其包壁径向温度分布如图 3-9 所示。从图 3-9 中可以看出，三种情况的包衬温度变化曲线基本重合，说明覆盖剂厚度对钢包包衬温度场的影响较小，钢包内壁的温度都在 1579℃左右，钢包外壁温度都在 390℃左右。

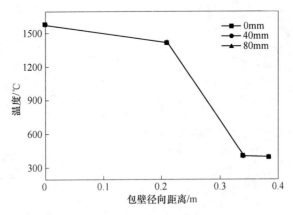

图 3-9 径向所选路径温度分布随覆盖剂厚度变化

覆盖剂厚度对钢包的热流量影响见表 3-8。从表中可以看出，钢渣表面是否加覆盖剂对通过渣层的热损失有较大影响，但对通过钢包包底和包壁的热损失并无明显影响。在渣层上表面添加 40mm 厚的覆盖剂，可以使渣层的热流量从 28063.7W 降低到 5567.4W，但是继续增加覆盖剂厚度，钢水热损失变化不明显。从图 3-10 钢包的热损失分布可见，在渣层表面添加覆盖剂，由于通过上表面的热损失减少，通过包壁和包底的热损失所占比例相对提高。模拟统计结果显示，在渣层上表面添加 40mm 覆盖剂后，通过渣层的热损失所占比例可由 29.47% 降低至 7.73%。由上述分析可知，渣层上表面添加覆盖剂能明显降低钢包通过渣层的热损失，提高钢水的平均温度。

表 3-8　钢包热流量

覆盖剂厚度 /mm	包壁热流量 /W	包底热流量 /W	渣层热流量 /W	总损失热流 /W
0	54772.5	12383.1	28063.7	95219.3
40	54310.5	12173.5	5567.39	72051.4
80	54453.4	12263.7	4664.54	71381.6

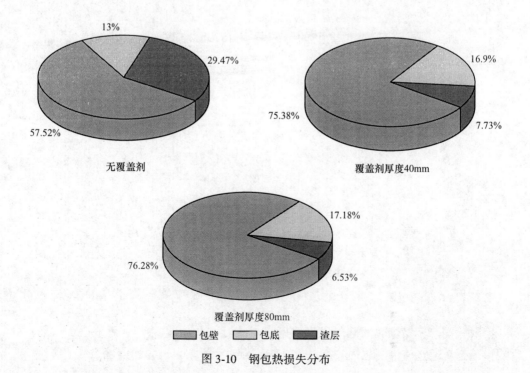

图 3-10　钢包热损失分布

3.3.2.3 工作层厚度对钢水温降的影响

由于钢包受到钢水的冲刷和侵蚀，工作层的厚度会随着钢包的使用次数逐渐变薄，因此将直接影响钢包的温度场分布。为了考察工作层尺寸对钢水温降的影响，本研究分别对工作层厚度为 200mm、160mm、140mm 和 120mm 的钢包进行了四组模拟实验。

不同工作层厚度的钢包中钢水的平均温度见表 3-9。

表 3-9   不同工作层厚度的钢包中钢水的平均温度

工作层厚度/mm	200	160	140	120
平均温度/℃	1591.31	1591.07	1590.74	1590.38

钢水的温降速率随工作层厚度的变化如图 3-11 所示。可见，随着钢包工作层厚度的减薄，钢水的平均温度有所下降，钢水的温降速率略有升高。钢包工作衬的厚度对钢水平均温度的影响不十分明显。

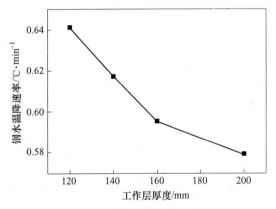

图 3-11   工作层厚度对钢水温降的影响

工作层厚度从 200mm 减薄至 120mm 时，钢包包衬温度变化规律如图 3-12 所示。与第 2 章提到的鱼雷罐车的工作状态不同，由于钢包工作状态为蓄热平衡后的稳态，钢包外壳散热损失是主要热量损失原因。当工作层使用后逐渐受到侵蚀而减薄时，钢包内壁温度基本不变，保持在 1578℃ 左右，但是钢包外壁温度会升高。当钢包工作层的厚度为 160mm 时，钢包外壁的温度为 398.2℃，比正常钢包外壁的温度升高 7.5℃。当工作层厚度减薄至 120mm 时，比正常钢包外壁的温度升高了近 20℃。可见，工作层厚度对钢包衬体的温度变化影响不大。随着钢包使用次数的增加，工作层减薄，钢包的保温效果基本不变。这是由钢包工作衬使用的材质所决定的。钢包工作层使用的是镁碳砖，其导热系数比永久层材料的导热系数大很多，因而包衬的导热热阻主要集中在永久层上，永久层的温度梯度很大。

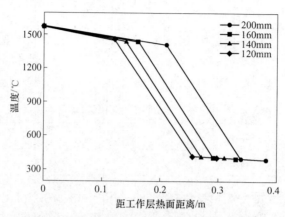

图 3-12 径向所选路径温度分布随工作层厚度变化

由以上分析可知，钢包包衬材料的导热对钢包保温性能的影响十分明显，当钢包永久层选用导热较小的材料时，其保温效果有了明显的提高。因此，可以考虑在钢包永久层及钢壳之间添加绝热耐火材料来减少其热量损失。

3.3.2.4 添加保温层对钢水温降的影响

本实验选取了导热系数分别为 0.5W/(m·K)、0.1W/(m·K) 的保温材料作为保温层添加在永久层与钢壳之间，进行单因素模拟研究并与原钢包温降结果进行对比。取保温层厚度为 10mm，相应的永久层厚度减薄 10mm，钢包容积保持不变。

钢包保温层选用不同导热系数材料，其钢水末态平均温度见表 3-10。钢水的平均温降速率变化如图 3-13 所示。可见，随着保温层导热系数的减小，钢包中钢水的末态平均温度有明显升高，钢水的温降速率明显下降。模拟结果表明，在钢包中使用 10mm 导热系数为 0.1W/(m·K) 的保温材料可以使末态钢水温度提高 2.94℃，钢水的平均温降由原钢包的 0.5793℃/min 降低至 0.3833℃/min，其保温效果明显得以提升。

表 3-10 不同保温层材料的钢包中钢水的平均温度

保温层导热系数/W·(m·K)$^{-1}$	无保温层	0.5	0.1
平均温度/℃	1591.31	1592.95	1594.25

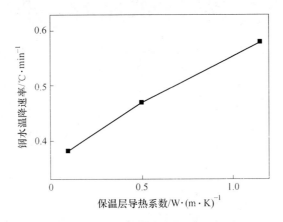

图 3-13　保温层导热系数对钢水温降的影响

　　分析认为，如图 3-14 所示，在钢包中添加导热系数较小的保温层可以有效地降低包壳温度，添加导热系数为 0.1W/(m·K) 的保温层，其包壳外部温度可降低至 263℃，相对于原钢包包壳末态温度 391℃，包壳温度下降了 128℃。由于钢包工作状态为稳态，包壳散热损失为钢水主要热损失方式，添加保温层有效地降低了包壳的温度，进而减小了钢水的热量损失。就目前分析来看，在钢包中添加保温层是较为合理的提高保温性能的方式。

　　如表 3-10 和图 3-13 所示，应用导热系数越小的保温层，钢包的保温效果越好，为了保证保温层添加后的保温效果，目前保温层材料的研究方向主要在于如何减小其导热系数以达到更好的绝热效果。

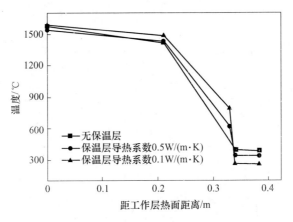

图 3-14　径向所选路径温度分布随工作层厚度变化

3.4 本 章 小 结

本章以某钢厂 120t 钢包为原型,通过数学模拟考察了钢包中钢水温降的影响因素,探讨了其保温方法,得出以下结论:

(1) 转炉出钢后,钢水进入钢包,经过 LF 精炼和升温后,可以认为钢包包衬蓄热达稳态。

(2) 在钢水上表面添加 40mm 覆盖剂,能使钢水的温降速率从 0.5793℃/min 下降至 0.5393℃/min;但继续添加覆盖剂至 80mm 后,钢水的温降速率为 0.5387℃/min,基本与加入 40mm 的效果相同。

(3) 钢包中钢水温降影响因素众多,其中,耐火材料永久层的导热系数对钢水温降影响最为显著,当永久层导热系数由 2.5W/(m·K) 减小至 0.5W/(m·K),钢水末态平均温度约提高 8℃,钢水平均温降速率由 0.858℃/min 减小至 0.333℃/min,包壳温度由近 593℃ 降低至约 222℃,有效地降低了热量损失。工作层厚度减薄对钢水温降也有影响,但影响很小。

(4) 在钢包中添加保温层可以起到良好的保温作用,保温材料的导热系数越小,钢包的保温效果越好。模拟结果表明,在钢包中使用 10mm 导热系数为 0.1W/(m·K) 的保温材料可以使末态钢水温度提高 2.94℃,钢水的平均温降由原钢包的 0.5793℃/min 降低至 0.3833℃/min,其保温效果明显得以提升。

综上所述,对钢包的保温研究仍应着眼于保温材料,特别是绝热材料的研究。

4　SiO_2 纳米孔绝热材料的研究

随着能源的日趋紧缺和人们环保意识的逐渐增强，绝热材料的研发和应用已经成为主要的研究热点之一[101,102]。冶金工业中应用绝热材料的根本目的在于降低热工设备在高温使用过程中的热损失，提高热效率，降低能源消耗。目前，用于热工设备的绝热材料按照形态可大致分为以膨胀蛭石、氧化物空心球和轻质浇注料为代表的粉粒状隔热材料，以轻质耐火砖为代表的定形隔热材料和以石棉和各种纤维制品为代表的纤维及其复合隔热材料等。这些传统绝热材料的导热系数相对较高，保温效果很难达到绝热设计的要求。因此，实际应用中往往采用增加保温层厚度的方式来满足绝热要求，由此导致窑炉成本增加，有效利用空间减少等诸多问题，特殊环境下将会影响一些冶炼工艺的实施和冶炼效果的获得。为了满足生产需要，近年来开发了一系列新型绝热材料。其中，具有纳米孔结构的 SiO_2 绝热材料是一种具有超低热导率和低密度的绝热材料，目前正越来越广泛地应用在冶金、石化、电力和汽车等行业。

由于受技术壁垒的限制，SiO_2 纳米孔绝热材料制备技术被少数发达国家所掌握，国内外市场基本上被几家国外公司所垄断。目前，德国 Porextherm 公司和比利时 Promat 公司的产品在国内均有销售，且已在国内的冶金工业中应用，但是，由于其价格昂贵，使其在冶金工业中的应用受到了一定的限制。国内目前已经有几家企业开始生产类似的 SiO_2 纳米孔绝热材料，并已经在冶金工业中部分试用，但由于受制备技术和生产工艺等方面的限制，而使其产品性能与国外产品相比较存在较大差别。

通过第 2 章和第 3 章对鱼雷罐车和钢包中所盛装的相应熔体，铁水和钢水的温降研究结果表明，在其钢壳与永久层之间设置一层导热系数较低的绝热保温层，可有效地起到隔热保温作用，大幅度降低其热量损失。在本章中，通过对比分析沉淀 SiO_2 和气相 SiO_2 两种纳米粉体的热性能，在煅烧过程中化学键和晶相的变化，以及两种粉体基绝热材料的绝热性能，确定适宜的 SiO_2 纳米孔绝热材料的基体材料；研究气相 SiO_2 基纳米孔绝热材料的绝热性能和力学性能，考察玻璃纤维以及硬质硅酸钙石粉的添加对其性能的影响规律，研究开发综合性能优良的绝热保温材料。

4.1　实　验　过　程

4.1.1　实验原料

SiO_2的制备方法主要包括干法和湿法两种，因而其产品有通过溶液沉淀法制得的沉淀SiO_2和通过气相法制得的气相SiO_2。沉淀SiO_2俗称白炭黑，又称水合硅酸或轻质二氧化硅，受合成方法限制，其制品多含有游离水和结合水。

目前最常用的沉淀SiO_2制备方法是酸化沉淀法，其工艺流程一般是将可溶性硅酸盐与硫酸（或其他酸）一起反应，通过控制溶液的 pH 值达到反应终点后将溶液进行陈化处理，过滤并经过反复清洗，经脱除 Na_2SO_4 后，再经适当的干燥、粉碎工艺后可制得沉淀SiO_2粉体。气相SiO_2则是利用氯硅烷在氢氧火焰中高温水解制得的一种纯度极高的白色高分散微细粉体，它是一种无毒、无味、无定形的无机精细化工产品。表 4-1 列出了本章实验选取的基本材料的性质，其他实验原料见表 4-2[103]。

表 4-1　两种 SiO₂纳米粉体的基本性质

硅源名称	沉淀 SiO₂	气相 SiO₂
型号	S30	HL200
外观	白色蓬松状粉体	吸附性极高的白色蓬松状粉体
耐火度/℃	1750	1750
SiO₂/%	≥98.8	99.8
比表面积/m²·g⁻¹	≤200	200±20
原生粒径/μm	≤0.3	0.015
体积密度/kg·m⁻³	50~70	40~60

表 4-2　实验原料

名　称	规　格
SiC 微粉	W3.5
玻璃纤维	长 4.5mm，直径 9μm
硬质硅酸钙石粉	200 目（约 0.074mm）
气相 Al₂O₃	AEROXIDEAlu C

4.1.2　试样制备

由于 SiO_2 纳米粉体极易吸水，且吸水后会造成多级纳米孔隙塌陷，影响材料的性能，因此，SiO_2 纳米孔绝热材料如果以湿法工艺制备，必须要配以干燥工艺，由于国内目前的干燥工艺尚不满足大规模生产的条件，在考察 SiO_2 基纳米孔绝热材料最适宜的基体材料时，本实验采用干法混合后模压成型的制备工艺来制备 SiO_2 纳米孔绝热材料。

以气相 SiO_2 和沉淀 SiO_2 作为 SiO_2 纳米微孔绝热材料的基体材料，按照一定比例分别称取基体材料及添加剂，通过机械融合设备进行混料，采用液压机以一定的单向压力干法压制成型，为了便于测量试样的导热，需将样品压制成规格为 $\phi180mm\times(20\sim25)mm$ 的圆饼形，制得试样 A 和 B。表 4-3 示出了本部分实验制备试样的主要成分。

表 4-3　SiO_2 纳米粉体压实体试样的制备条件　　　（wt%）

编号	粉体类型	添 加 剂		
		碳化硅微粉	玻璃纤维	气相氧化铝
A	沉淀 SiO_2	15	5	10
B	气相 SiO_2	15	5	10

表 4-4 为在基体材料气相 SiO_2 中添加玻璃纤维、红外遮光剂后的成分组成，由于玻璃纤维添加量对导热的影响较小，为便于比较，此处并未向基体中添加 Al_2O_3。在纤维分散过程中分别尝试采取两种方式，即普通搅拌分散和机械融合分散，对应试样编号分别为 C_0 和 C_1。$C_1\sim C_3$ 则为考察玻璃纤维添加量对其导热影响而制得的不同纤维添加量的试样，其分散方式均为机械融合分散。

表 4-4　纤维掺杂试样的成分组成　　　（wt%）

试样	气相 SiO_2	玻璃纤维	红外遮光剂	分散工艺
C_0	80	5	15	普通搅拌
C_1	80	5	15	机械融合
C_2	82	3	15	机械融合
C_3	77	8	15	机械融合

实际工程的绝热材料，其应用过程中承受的最大外力，通常是压应力，而不

是弯曲应力[104]，例如将气相 SiO$_2$ 基纳米孔绝热材料作为鱼雷铁水罐车和钢包中作为保温层使用时，需要保证 SiO$_2$ 基纳米孔绝热材料具有一定的耐压强度。用作绝热材料的硬质硅酸钙石粉是一种理想的纳米孔绝热材料增韧原料，它具有体积密度小、热导率低、耐压强度和抗弯强度高，以及耐高温（最高达到 1000℃）等优点[105]。因此，在对纳米孔绝热材料耐压强度的提高实验中，选取硬质硅酸钙石粉作为增韧添加剂。表 4-5 为添加硬质硅酸钙石粉试样的制备条件，试样编号分别取为 E$_0$ ~ E$_5$，考虑到与未添加硬质硅酸钙石粉的试样进行对比，基体材料和其他添加剂成分配比的比例保持不变。混料方式为机械融合混合。

表 4-5 外加硬质硅酸钙石粉试样的制备条件

试样	硬质硅酸钙石粉/wt%	成型压力/MPa	体积密度/kg·m^{-3}
E$_0$	0	2	307
E$_1$	0	5	523
E$_2$	5	2	311
E$_3$	5	5	543
E$_4$	10	2	327
E$_5$	10	5	532

4.1.3 性能检测

（1）导热系数：采用高温平板导热仪，按照设备设计要求，将试样制备成 ϕ180mm×(20~25)mm 的圆饼形，经过烘干后，以 10℃/min 的升温速率多次测量取平均值。

（2）红外光谱：采用傅里叶变换红外光谱仪对试样进行红外光谱分析，将试样压片检测，扫描范围 450~4000/cm。

（3）耐压强度：采用单向电子拉力试验机测定试样的耐压强度，实验速度 1mm/min。

（4）X 射线衍射：采用 X 射线衍射仪进行相组成分析，Cu 靶，管流 40mA，管压 40kV，扫描步长 0.08(°)/min。

（5）微观组织结构：采用扫描电子显微镜观察增强纤维掺杂试样的微观组织结构，观察前需进行多次喷金处理。

（6）热失重：采用高温同步热分析仪测量 TG-DSC 曲线，在氮气气氛下对样品进行热失重分析。从室温升到 1000℃，升温速率为 10℃/min。

4.2 结果与讨论

4.2.1 SiO$_2$纳米孔绝热材料基体材料的选择

4.2.1.1 基体材料热性能分析

干燥后的沉淀 SiO$_2$ 和气相 SiO$_2$ 粉体的 TG 曲线和 DSC 曲线如图 4-1 所示。

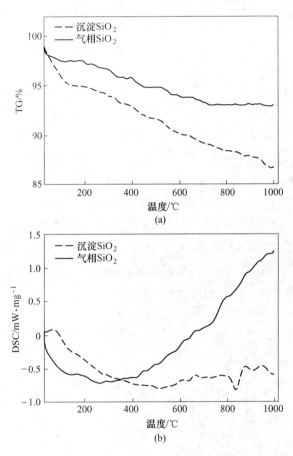

图 4-1 不同基体材料的 TG-DSC 曲线

（a）TG 曲线；（b）DSC 曲线

由图 4-1（a）可知，在样品加热的过程中，沉淀 SiO$_2$ 和气相 SiO$_2$ 粉体失重量有很大的不同，沉淀 SiO$_2$ 在整个热失重的过程中损失了更多的重量。分析认为沉淀 SiO$_2$ 由于其制备工艺的限制，其成品常带有游离的物理吸附水，因此在 35～80℃，这部分水分蒸发造成样品热失重，此处的热失重量大约为 5.3%。图 4-1（b）

所示的 DSC 曲线很好地印证了这一点，在 80℃ 附近，沉淀 SiO_2 样品出现明显的吸热峰[106]，而气相 SiO_2 则没有。在 80~400℃ 附近，沉淀 SiO_2 与气相 SiO_2 失重斜率基本相同，这一段的热失重量约为 2.5%，分析认为，该失重是由于气相 SiO_2 和沉淀 SiO_2 样品表面的部分羟基发生氧化及结构水缩合脱水所致。400℃ 以后，沉淀 SiO_2 以相同斜率继续失重，气相 SiO_2 的失重曲线则渐渐趋于平缓，当温度达到 750℃ 左右时，气相 SiO_2 不再发生明显的质量变化。分析认为，沉淀 SiO_2 由于其制备过程中的酸化工艺，其成品颗粒表面常会附着硅羟基等高温才能分解的复杂羟基，因此，750℃ 以后，沉淀 SiO_2 仍保持失重状态。气相 SiO_2 颗粒因其制备工艺过程相对简单，颗粒表面并没有形成复杂的羟基，因此，在 750℃ 以后，气相 SiO_2 颗粒的失重曲线基本不再变化。可见，相对于沉淀 SiO_2，气相 SiO_2 在高温下更为稳定，更适于作为高温绝热材料的基体材料。

4.2.1.2   基体材料红外吸收光谱分析

为了确定两种基体材料的化学键结合方式，分别对在室温和 1000℃ 热处理 24h 后的粉体试样进行红外吸收光谱分析，其结果如图 4-2 所示。表 4-6 为有关 SiO_2 的红外吸收峰对应的化学键描述[107-111]。如图 4-2 所示，两种粉体经过 1000℃ 热处理 24h 后，其主要吸收峰均在 $1100cm^{-1}$、$800cm^{-1}$ 和 $475cm^{-1}$ 附近，此时，两种 SiO_2 粉体完全由 Si—O—Si 键所形成的网络组成，这与二氧化硅的标准图谱相对应[112]。$2961~3688cm^{-1}$ 处的宽峰是结构水—OH 反对称伸缩振动峰，$958cm^{-1}$ 处的小吸热峰属于 Si—OH 的弯曲振动吸收峰，经热处理后这两处的峰明显减小或消失，证明热处理有效地去除了粉体中的结构水。另外，热处理后，沉

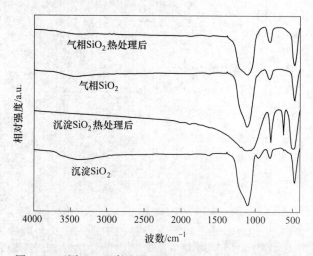

图 4-2   不同 SiO_2 基体制品在室温和热处理后的 IR 图谱

淀 SiO_2 在 $620cm^{-1}$ 处出现了一个新的吸收峰，这个吸收峰在 SiO_2 的标准红外光谱中并不存在，但在某些检测方石英的光谱中存在，可能是无定形 SiO_2 向方石英相变转化造成的[113-115]，而气相 SiO_2 粉体并没有出现此峰，说明沉淀 SiO_2 比气相 SiO_2 在高温下更易于发生晶型转变，由无定形态 SiO_2 转化为方石英等 SiO_2 晶体。晶体规则的晶格结构会增加晶格振动，进而增加微观固相传热，从这个角度来看，在 $1000℃$ 热处理后仍保持稳定的非晶体形态的气相 SiO_2 更加适于作为需要在高温状态下作业的纳米孔绝热材料的基体材料。

表 4-6 SiO_2 的红外光谱描述

波数/cm^{-1}	描　述
2961~3688	—OH 的反对称伸缩振动
1630	H—O—H 的弯曲振动
1000~1100	Si—O—Si 的反对称伸缩振动
958	Si—OH 的弯曲振动
800	Si—O—Si 的对称伸缩振动
475	Si—O—Si 的弯曲振动

4.2.1.3　基体材料 X 射线衍射分析

为了确定基体材料在热处理过程中的相变化情况，对两种粉体分别进行 X 射线衍射（XRD）分析，结果如图 4-3 所示。

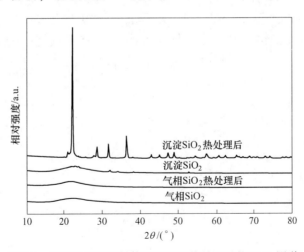

图 4-3　不同种类硅源粉体在室温和热处理后的 XRD 图谱

从沉淀 SiO_2 和气相 SiO_2 在室温下和经过 $1000℃$ 热处理后的 XRD 分析可以看

出，无论热处理前后，气相 SiO$_2$ 均保持良好的非晶状态且无任何相变发生，特别是在 1000℃ 的高温下，气相 SiO$_2$ 仍保持无定形状态，没有任何向晶态转变的趋势。而沉淀 SiO$_2$ 虽然在室温下同样属于无定形态 SiO$_2$，但经 1000℃ 热处理后，其 X 射线衍射图谱出现了明显的结晶峰，表明无定形 SiO$_2$ 此时已转化为晶态的 SiO$_2$[116,117]。结合红外吸收光谱的分析结果，认为此时的沉淀 SiO$_2$ 通过向方石英转化，从无定形态转变为规则的晶态 SiO$_2$。由上述分析可知，沉淀 SiO$_2$ 在热处理前后，晶型发生了显著改变，由于 SiO$_2$ 在晶型转变过程中常伴有体积效应，这就有可能使其材料或制品在使用过程中产生开裂甚至形变，影响制品的高温体积稳定性，进而影响其使用安全性，给相关设备的使用带来安全隐患。而气相 SiO$_2$ 在热处理过程中其相组成并无明显变化。可见，相比于沉淀 SiO$_2$，气相 SiO$_2$ 粉体可以在 1000℃ 下很好地维持非结晶状态，以其为基体制备的材料具备更好的高温热稳定性，更利于实际应用。

4.2.1.4 不同基体材料对纳米孔绝热材料绝热性能的影响

图 4-4 示出了以沉淀 SiO$_2$ 和气相 SiO$_2$ 为基体的试样 A 和 B 在不同温度下的导热系数。由图 4-4 可知，在相同的制备条件下，试样 B（气相 SiO$_2$ 为基体）在测试温度由 800℃ 升高至 1000℃ 时，其导热系数由 0.018W/(m·K) 升高至 0.023W/(m·K)，而试样 A（沉淀 SiO$_2$ 为基体）在 1000℃ 所对应的导热系数则达到 0.056W/(m·K)。可见，应用气相 SiO$_2$ 为基体制得的纳米孔绝热材料在高温下具有更加优异的绝热性能。结合红外吸收光谱分析和 X 射线衍射分析结果，导致以上两种绝热材料其绝热性能具有较大差异的原因可能是由于沉淀 SiO$_2$ 在 1000℃ 时由非晶态转化为晶态，而气相 SiO$_2$ 仍保持非晶态。相关文献资料显示[83]，SiO$_2$ 的非晶态结构更有利于减小其内部传热。

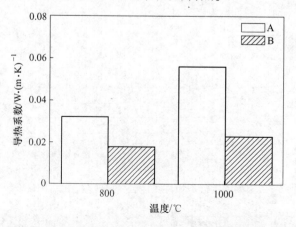

图 4-4 试样 A 和 B 在 800℃ 和 1000℃ 时导热系数比较

综合考虑以上分析结果，气相 SiO_2 纳米粉体与沉淀 SiO_2 纳米粉体相比，具有更优异的热稳定性。在高温下，无论是热失重百分率、非晶态的稳定性，还是制成纳米孔绝热材料的导热系数，应用气相 SiO_2 为基体的材料都要优于沉淀 SiO_2。因此，适宜选择气相 SiO_2 粉体为制备 SiO_2 纳米孔绝热材料的基体材料。

4.2.2　添加玻璃纤维对材料绝热性能及微观结构的影响

国内在纳米孔绝热材料的制备过程中，玻璃纤维是通过常规搅拌混合方式在基体材料中进行分散的。虽然常规的搅拌方式可以有效地分散玻璃纤维束，但不能使玻璃纤维与基体材料、添加剂充分融合。因此，本实验尝试应用机械融合混料设备（实验室自行研制开发）对玻璃纤维进行分散，利用机械混料过程中的压力和离心力的作用，使纤维在分散过程中，受到剪切力和挤压力的共同作用，力求使基体材料和添加剂更好地融合。

两种不同混合方式其玻璃纤维在气相 SiO_2 基体中的分散效果如图 4-5 所示。由图 4-5（a）可以看出，试样中玻璃纤维表面没有气相 SiO_2 覆盖层，表明纤维与基体没有很好的融合。而应用机械融合方式混合的试样，纤维表面形成了一层气相 SiO_2 纳米颗粒覆盖层，如图 4-5（b）所示。应用机械融合方式分散后的这种气相 SiO_2 覆盖层结构，达到了纤维表面纳米颗粒包覆改性效果，不但可以有效阻止纤维间的相互粘连，降低纤维间的固相热传导，还可能产生更为明显的削弱辐射换热程度的效果[118]。

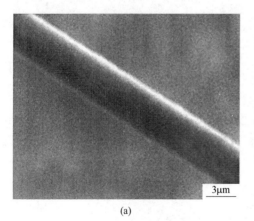 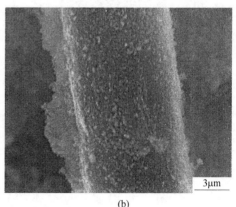

(a)　　　　　　　　　　　　　　　　(b)

图 4-5　经过常规搅拌混合（a）、机械融合混合（b）分散工艺后
的单根纤维表面吸附气相 SiO_2 覆盖层的 SEM 图片

混料方式对试样导热系数的影响如图 4-6 所示。由图 4-6 可知，在相同温度下，常规搅拌混合分散方式制得的试样 C_0 其导热系数要远高于采用机械融合混

合方法制得的试样 C_1。机械融合混合方式所制得的试样其导热系数在 1000℃时仅为 0.51W/(m·K)，而常规搅拌混合分散制得试样的导热系数则达到了 0.9W/(m·K)。分析认为，试样导热系数存在较大差别主要是基于以下原因：一方面通过机械融合混合方式，纤维更有效地分散在气相 SiO₂ 基体中；另一方面，机械融合混合方法可以在纤维表面形成纳米颗粒包覆改性效应，这也有助于其导热系数的降低。

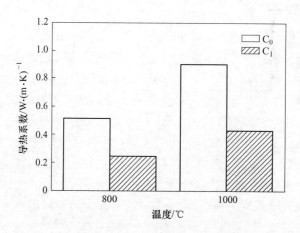

图 4-6　纤维分散工艺对导热系数的影响

玻璃纤维添加量对纳米孔绝热材料导热系数的影响见表 4-7。由表 4-7 可以看出，纤维的添加量对纳米孔绝热材料的导热系数有一定的影响，随着添加量的增大，材料的导热系数也相应增大。虽然增加纤维的添加量更有利于试样的成型，但对材料的绝热性能有一定的负面影响，因而对其添加量应适当控制。

表 4-7　纤维的添加量对 1000℃时导热系数的影响

试样	纤维添加量 /wt%	热导率 /W·(m·K)⁻¹
C_1	5	0.051
C_2	3	0.045
C_3	8	0.058

将不同量的玻璃纤维添加入气相 SiO₂ 基体中，通过机械融合分散，经一定压力成型后的试样其微观组织结构如图 4-7 所示。其中，图 4-7（c）为图 4-7（b）中右下角所示区域的放大照片。

如图 4-7 所示，在基体材料内可见清晰的纳米级孔隙组织结构，其在尺度上与玻璃纤维材料呈现两种数量级关系。如图 4-7（a）和（b）所示，在基体材料

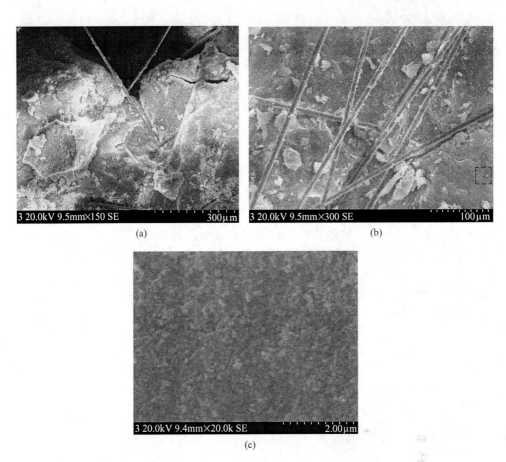

图 4-7 基体中分散的纤维（a）、（b）及局部放大的微观结构（c）的 SEM 照片

中添加玻璃纤维，由于比表面积大小的差异和纤维的吸附作用，在纤维与基体材料之间，经常会产生裂纹和孔隙，当这些裂纹和孔隙大于气体分子平均自由程的时候（大于 70nm），其孔隙及裂纹间的气体分子发生碰撞而使试样的气体热传导及对流换热作用增大。纤维加入量越高，这种破坏现象就越严重。另外，纤维加入量过多时，采用相同的分散工艺，纤维分散效果便会有所下降，不良的分散效果同样会导致试样导热系数的增大。

4.2.3 成型压力对绝热性能和力学性能的影响

取原料气相 SiO_2、红外遮光剂、增强纤维和气相 Al_2O_3 按质量配比为 70∶15∶5∶10，以不同单向压力压制成型，获得气相 SiO_2 基纳米孔绝热材料试样，考察不同的成型压力对气相 SiO_2 基纳米孔绝热材料绝热性能的影响。

图 4-8 示出了气相 SiO_2 基纳米孔绝热材料的导热系数与成型压力间的变化关

系。虽然纳米孔绝热材料的多孔结构是其成品导热系数低的主要原因，但气相 SiO_2 基纳米孔绝热材料并非气孔率越高越好，只有气孔率在一定范围内时，其对应的导热系数较小。分析认为热量的传递是固相导热、气相导热、对流换热以及辐射换热共同作用的结果，需要对固相连接的形式和多孔结构等参数进行综合考虑。一方面，若气孔率太小，微观结构固相的接触面积相对增大，气孔间距在一定范围内时，气孔间气体基本处于静止状态，可以很好地隔绝热量传递，气孔率减小会提高微观固相热传导；另一方面，气孔率太高则会使气体分子之间的距离增大，气体分子间因碰撞而产生的传导和对流换热程度加剧。只有当气相 SiO_2 基纳米孔绝热材料的气孔率处于一个理想的范围时，其本身内部独特的纳米孔隙结构才会最大限度地发挥限制固相传热和气相传热的效应，使材料具备较低的导热系数。由图 4-8 可知，当纳米孔绝热材料的成型压力为 2~2.5MPa，相应气孔率为 85%~88% 时，纳米孔绝热材料的导热可达到最优状态。

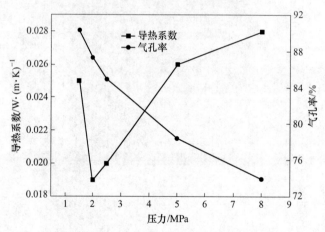

图 4-8   气相 SiO_2 基纳米孔绝热材料的导热系数与成型压力的关系

　　虽然成型压力为 2~2.5MPa 纳米孔绝热材料的导热可以达到最优状态，但增大成型压力对其导热的影响很小，在实际应用过程中，为了确保安全使用，除了材料的绝热性能，还必须考虑其力学性能。

　　图 4-9 示出了试样成型压力与压应力-压缩形变率的规律变化曲线。在试样压缩的初始阶段，依靠施加外力并不能明显改变压实体内部大量存在的微孔和介孔的存在形式，构架这种规格孔的聚集体单元在空间位置上并没有被压缩改变，此时试样内部的孔隙以附聚体之间的空间为主，孔隙较大，可供压缩的空间就较大，故试样在较小的应力作用下即可以产生较大幅度的形变，当试样被压缩 10% 时，所需压强为 0.25MPa。随着施加外力的不断增加，压力载荷迫使附聚体单元之间的空间不断被压缩，此时试样的真密度大幅度增加，因此，在相同的压力载

荷下，试样的进一步压缩行为较难进行，其形变量也会逐渐变小。如图 4-9 所示，增加试样的成型压力至 5MPa 时，其耐压强度则会大幅度增加，当试样被压缩 10%时，所需压强甚至达到 1.29MPa。可见，在不增加或少量增加热量传递的前提下，增加成型压力是一种有效提高纳米孔绝热材料力学性能的途径。

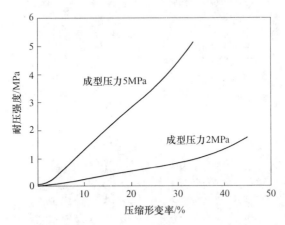

图 4-9 不同成型压力试样的压应力-压缩形变率曲线

4.2.4 添加硬质硅酸钙粉对绝热性能和力学性能的影响

本实验按照原料气相 SiO_2：红外遮光剂：增强纤维：气相 Al_2O_3 质量配比为 70：15：5：10 的基础上，外加硬质硅酸钙对气相 SiO_2 基纳米孔绝热材料的耐压强度进行增强。

图 4-10（a）和（b）分别示出了硬质硅酸钙粉体及其掺杂试样 E_2 的 SEM 图片。可以看出，硬质硅酸钙颗粒尺度为微米级，外观则呈片层状。经掺杂质量分数 5%的试样 E_2 的能谱分析，如图 4-10（c）和（d）所示，经过机械融合分散的硬质硅酸钙粉体已很好地分布在基体材料中，这是采用硬质硅酸钙粉体对气相 SiO_2 基纳米孔绝热材料进行增韧的前提条件。

正如图 4-11 所示的掺杂试样 E_2 的 XRD 图谱分析所示，各种添加剂粉体均已很好地分散于基体中。

图 4-12 示出了试样 $E_0 \sim E_5$ 的压应力-压缩形变率曲线。可见，在试样成型压力均为 2MPa 的情况下，经掺杂硬质硅酸钙粉体的试样 E_2 和 E_4 的耐压强度相比于未经掺杂的试样 E_0 均有一定程度的提高。当被压缩 10%时，前两者所需压强分别为 0.31MPa 和 0.34MPa，这种增韧现象得益于片状硬质硅酸钙颗粒在基体材料中起到了一定的支撑骨架作用。但当试样成型压力升高至 5MPa 时，试样 E_3 和 E_5 在低压缩量时并没有表现出明显突出的耐压强度，当被压缩量在 10%以上

图 4-10　硬质硅酸钙（a）及其掺杂试样 E$_2$(b) 的 SEM
图片以及试样 E$_2$中 Si(c) 和 Ca(d) 的能谱分析

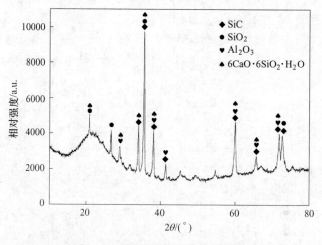

图 4-11　掺杂试样 E$_2$的 XRD 图谱

时，掺杂试样的耐压强度才显著提高，这可能是由于试样 E_1 自身的成型压力就较高，在低压缩量阶段，掺杂相并没有明显发挥骨架作用所致。

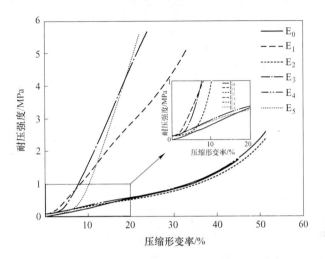

图 4-12 试样 $E_0 \sim E_5$ 的压应力-压缩形变率曲线

图 4-13 示出了试样 $E_0 \sim E_5$ 在 1000℃时的导热系数。对于气相 SiO_2 基纳米孔绝热材料，其绝热机理关键在于利用基体中气相 SiO_2 原始颗粒的间隙孔及其聚集体（附聚体）内部和之间复杂的多级纳米孔隙结构使其内部气体分子失去自由流动或相互碰撞的能力而无法参与对流换热，换句话说这种抑制传热的效果源于多级的复合型纳米孔结构。当增大试样的成型压力时，试样 E_1 的导热系数升高至 $0.033W/(m \cdot K)$，这种现象就可能是源于削弱了纳米孔结构综合抑制热传导和对流换热作用的结果。由于硬质硅酸钙粉体与基体材料的粒径处在两个数量级，其掺杂过程相当于在附聚体内部引入了一定数量的缺陷从而破坏纳米孔结构，且还可能在一定程度上增加固相传热，所以，试样 $E_3 \sim E_5$ 的导热系数均有不同程度的上升。

综上所述，为了兼顾气相 SiO_2 基纳米孔绝热材料的绝热性能与力学性能，做到材料导热系数与强度的协同优化，通过添加质量分数 5% 的硬质硅酸钙粉体进行增韧是可行的，此时对应试样 E_2 的导热系数虽小幅度地上升至 $0.033W/(m \cdot K)$，但同时其耐压强度（被压缩 10% 时）则由未添加硬质硅酸钙粉体时的 $0.25MPa$ 显著升高至 $0.31MPa$。将材料的成型压力由 2MPa 提高到 5MPa，则材料的密度由 $307kg/m^3$ 增大至 $523kg/m^3$，其耐压强度由 $0.25MPa$ 显著升高至 $1.29MPa$（被压缩 10% 时），其导热系数则由 $0.023W/(m \cdot K)$ 升高至 $0.033W/(m \cdot K)$；若在其中添加 5% 的硬质硅酸钙，则可使其耐压强度显著增大至 $1.60MPa$，而其导热系数则升高至 $0.038W/(m \cdot K)$，另外，这种增韧效果随着材料被压缩量的增

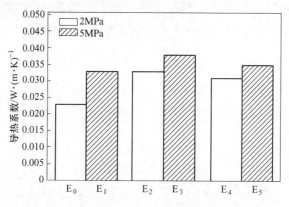

图4-13 试样 $E_0 \sim E_5$ 在1000℃时导热系数比较

大而更加明显。检测结果显示将硬质硅酸钙添加量提升至10%则其耐压强度反而减小，因而将硬质硅酸钙的添加量控制在5%左右比较适宜。

4.3 本 章 小 结

在本部分研究中，考察了气相 SiO_2 和沉淀 SiO_2 的热稳定性，探讨了混料方式、玻璃纤维添加量、成型压力及硬质硅酸钙添加量对气相 SiO_2 基纳米孔绝热材料的高温绝热性能、力学性能和高温热稳定性能的影响，得到如下结论：

（1）气相 SiO_2 纳米粉末比沉淀 SiO_2 纳米粉末具有更优异的热稳定性。当加热至1000℃时，气相 SiO_2 仍呈非结晶状态，且不会产生由于晶型转变引起的体积变化。以气相 SiO_2 粉体作为基体材料所制备的纳米孔绝热材料的导热系数较低，仅为 $0.023W/(m \cdot K)$，就绝热性能来看，选择气相 SiO_2 粉体是制备 SiO_2 纳米孔绝热材料更为理想的基体材料。

（2）玻璃纤维的分散方式和添加量对纳米孔绝热材料的导热性能有一定影响。通过机械融合分散方式分散玻璃纤维，气相 SiO_2 纳米颗粒可以在添加的玻璃纤维的外表面形成纳米颗粒改性包覆层，其试样导热系数在1000℃时仅为 $0.51W/(m \cdot K)$；而普通搅拌分散制得的试样其导热系数则达到了 $0.9W/(m \cdot K)$。相比于采用普通搅拌分散方式制备的纳米孔绝热材料，经机械融合混合分散而制得的纳米孔绝热材料具有更低的导热系数。增大纤维的添加量会使绝热材料的导热系数呈现小幅度上升趋势。

（3）气相 SiO_2 基纳米孔绝热材料的绝热性能与成型压力之间并不是线性变化，增大其成型压力，则材料内部气孔率减小，其导热系数在某一范围内较小，继续增大其成型压力，则导热系数随之增大。当纳米孔绝热材料的成型压力为

2~2.5MPa,相应的气孔率为 85%~88% 时,纳米孔绝热材料的导热可达到最优状态。成型压力对耐压强度的影响远大于对导热的影响,实际应用过程中可根据实际情况适当增大成型压力以增加其力学性能。

(4)添加适量的硬质硅酸钙可提高 SiO_2 基纳米孔绝热材料的耐压强度。成型压力为 2MPa,添加 5% 硬质硅酸钙的绝热材料,其耐压强度(被压缩 10% 时)由不添加试样的 0.25MPa 升高至 0.31MPa,而导热系数则由 0.023W/(m·K)变化至 0.033W/(m·K);而当添加 10% 的硬质硅酸钙,绝热材料的耐压强度及导热系数则相应为 0.34MPa 和 0.031W/(m·K)。成型压力为 5MPa 时,添加硬质 5% 的硬质硅酸钙,其耐压强度显著增大至 1.60MPa(被压缩 10% 时),而添加 10% 硬质硅酸钙其耐压强度在压缩形变率大于 20% 时才有明显提高。综合考虑硬质硅酸钙对 SiO_2 纳米孔绝热材料性能的影响,其添加量控制在 5% 左右比较适宜。

5　绝热材料在鱼雷罐车和钢包中的应用

目前，很多钢铁企业的鱼雷罐车和钢包都使用了 ASC 砖和镁碳砖作为容器工作层，这些高热导率、高密度耐火材料的使用增加了铁水和钢水在冶炼过程的热量损失[119,120]。为了保证冶炼流程的顺利进行，减小铁水和钢水因与高热导率、高密度耐火材料容器接触而损失的这部分热量，必须对冶炼过程中常用的保温容器，如本研究中研究的鱼雷罐车、钢包进行适当改进，以提高其保温性能。

通过第 2 章和第 3 章的分析可知，应用热导率越低的保温材料，容器的保温效果越好。实验室以气相 SiO_2 为基体材料，制得了 1000℃ 高温条件下导热系数低于 0.023W/(m·K) 的理想绝热材料。但是，由于该绝热材料的应用有一定的限制条件，如最高工作温度为 1000℃，不能在 1100℃ 长期应用等，因此，在其应用之前，必须对其保温效果进行评估，并预测保温材料在实际应用中的限制条件，为实际应用奠定理论基础。考虑到实际应用中，有文献表明[104]，大部分压应力被工作层和永久层吸收，作用于保温层上的压应力并不大，耐压强度大于 1MPa 的材料可以安全使用。结合实验室的研究结果，成型压力为 5MPa 时所制得的纳米孔绝热材料的耐压强度可达 1.29MPa，其强度可满足作为冶金炉窑的保温材料的强度使用要求。

基于以上考虑，本章应用第 4 章制备的纳米孔绝热保温材料作为保温层对鱼雷罐车及钢包进行保温优化研究。

5.1　纳米孔绝热材料在鱼雷罐车中的应用

对于鱼雷罐车保温效果的评估，必须结合鱼雷罐车的实际应用情况，将鱼雷罐车运行过程中的铁水预处理情况和空罐情况加以考虑，才能得到较为符合实际情况的保温评估结果。

在实际生产过程中，鱼雷罐车其运行流程一般如图 5-1 所示。

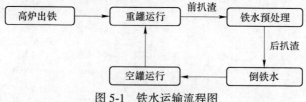

图 5-1　铁水运输流程图

本章主要讨论在鱼雷罐车空罐 4.5h 后再次运送铁水的温降情况。对于铁水预处理的情况，根据实际选择应用较多的喷粉预脱硫情况，考虑前扒渣影响，后扒渣因为温降较小，这里忽略不计。根据实际生产过程中前扒渣及铁水预处理情况，在铁水模型的节点上给定负的热流密度，并考虑到喷粉预处理后铁水温度在喷吹作用下较为均匀，因此在铁水预处理结束时刻记录铁水的平均温度并代回原模型取代原来的铁水温度继续计算。

5.1.1 添加纳米孔绝热保温层对鱼雷罐车保温效果的影响

在本部分，通过数学模拟计算，主要考察了鱼雷罐车在无保温层、应用普通保温层和应用纳米绝热保温层的三种情况下铁水在运输过程中的温降情况。应用的保温层材料物理性质见表 5-1，其中，材料 1 为普通保温材料，材料 2 为本研究制得的纳米孔绝热材料。

表 5-1　鱼雷罐车保温层材料的物理性质

参　　数	导热系数 /W·(m·K)$^{-1}$	热容量 /J·(kg·K)$^{-1}$	密度 /kg·m^{-3}
材料 1	0.25	850	1200
材料 2	0.033	800	523

经过 4.5h 空罐后，以各层耐火衬的平均温度作为鱼雷罐车下一罐运行的初始条件。图 5-2 分别为无保温层、应用普通保温层（材料 1）和应用纳米孔绝热保温层（材料 2）的鱼雷罐车初始温度分布图。由图 5-2 可以明显看出，经过 4.5h 的空罐运行后，未添加保温层的鱼雷罐车内衬温度明显低于添加保温层的鱼雷罐车，而外壳温度则明显较高。这是由于在上一炉铁水运输的过程中，罐衬吸收热量并蓄热，添加了保温层的罐衬，在上一炉运输的末态其罐体内衬温度较高，外壳温度较低。这一优势在空罐运行过程中被较好的保持下来。由于空罐时热量的绝大部分是通过罐衬外壳损失，这就使添加保温层的罐衬在空罐时间罐体散失的热量较无保温层的小很多。在空罐结束后，添加保温层的鱼雷罐车获得更高的罐衬初始温度，有利于下一炉铁水运输过程的保温。

图 5-3 所示为无保温层、应用普通保温层和应用纳米孔绝热保温层的鱼雷罐车，空罐运行 270min 后罐车内的温度分布云图。通过与图 5-2 初始温度分布图对比可以看到，在铁水 270min 运行过程中，鱼雷罐车的内衬温度大幅度升高，而铁水平均温度大幅度下降。特别是，从图 5-3 中可以明显看到应用纳米孔绝热保温层后的罐车在末态永久层和工作层内部温度梯度较小，内衬温度较无保温层

和应用普通保温层的罐衬有了较大程度的提高。应用纳米孔绝热保温层后，在保温层处有极大的温度梯度，永久层和保温层之间有明显的温度分界。这是由保温层的低热导率决定的，由于对于平板材料，其热阻与热导率成反比例关系，应用纳米孔绝热材料的保温层热阻很大，是普通绝热材料的数倍，因此应用纳米孔绝热材料的罐衬在永久层和保温层之间出现清晰的温度分界。

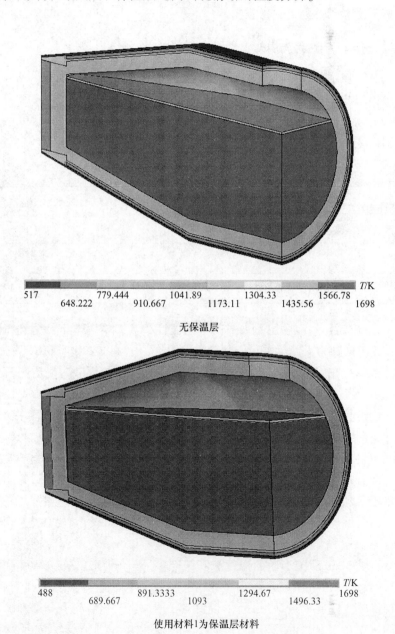

T/K

517　648.222　779.444　910.667　1041.89　1173.11　1304.33　1435.56　1566.78　1698

无保温层

T/K

488　689.667　891.3333　1093　1294.67　1496.33　1698

使用材料1为保温层材料

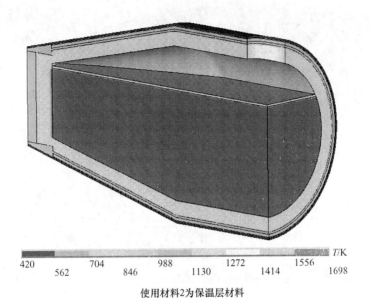

<table>
<thead><tr><th colspan="9">T/K</th></tr></thead>
</table>

420		704		988		1272		1556	
	562		846		1130		1414		1698

使用材料2为保温层材料

图 5-2 鱼雷罐车运行的初始罐衬温度

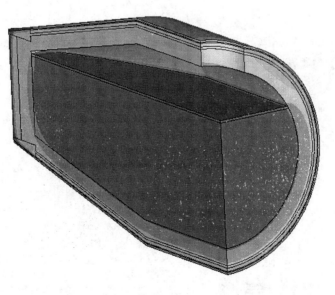

T/K

432.125		686.755		941.385		1196.01		1450.64	
	559.44		814.07		1068.7		1323.33		1577.96

无保温层

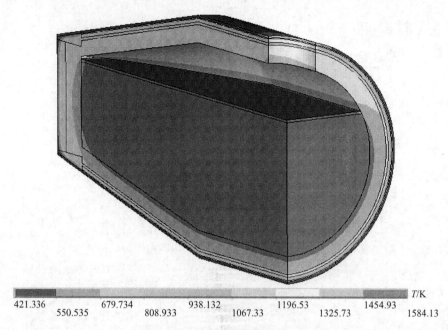

T/K

421.336　　　679.734　　　938.132　　　1196.53　　　1454.93
　　550.535　　808.933　　1067.33　　1325.73　　1584.13

使用材料1为保温层材料

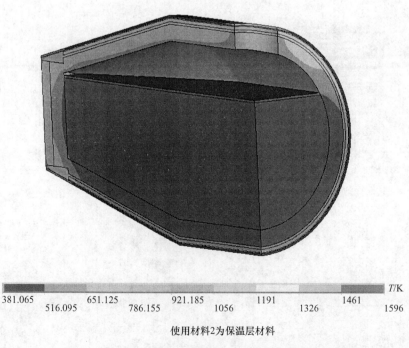

T/K

381.065　　　651.125　　　921.185　　　1191　　　1461
　　516.095　　786.155　　1056　　1326　　1596

使用材料2为保温层材料

图 5-3　保温层导热对鱼雷罐车运行的末态温度分布的影响

图 5-4 所示为无保温层、应用普通保温层和应用纳米孔绝热保温层的鱼雷罐车，空罐运行 270min 后再重罐运行的铁水温度曲线。由图 5-4 中可以看到，添加纳米孔绝热保温层能够使铁水在 270min 的运行过程中比未添加绝热保温层的鱼雷罐车内铁水温降减小近 28℃，相对于应用一般保温材料为保温层的罐衬对铁水的保温效果（铁水温降减小约 10℃），应用纳米孔绝热材料的鱼雷罐车保温效果更为明显，这与其罐衬的温度变化情况密不可分。

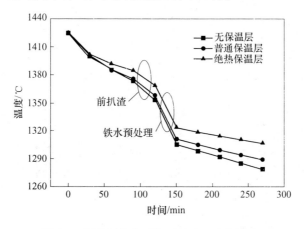

图 5-4 保温层导热系数对铁水温度的影响

重罐运行 3.5h、4h 和 4.5h 后三种鱼雷罐车的罐衬温度分布情况如图 5-5~图 5-7 所示。随着运行时间的延长，鱼雷罐车内衬的温度都呈现上升趋势，在铁水运输末态，未添加保温层的鱼雷罐车其蓄热已基本达到饱和，其内部温度升高幅度较小，而采用纳米绝热保温层的罐衬，其罐衬仍有少量的蓄热，但此时蓄热损失已不再是热量损失的主要形式，取而代之的是罐壳表面的辐射对流散热损失。

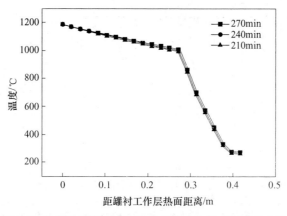

图 5-5 无保温层罐衬所选路径温度分布随时间变化曲线

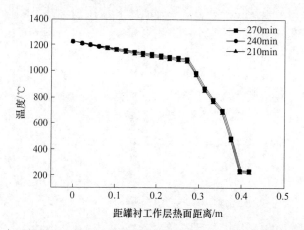

图 5-6　应用材料 1 为保温层的鱼雷罐车所选路径温度分布随时间变化曲线

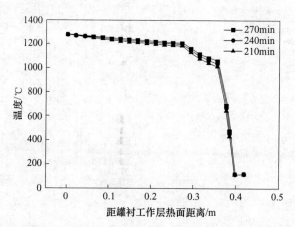

图 5-7　应用材料 2 为保温层的鱼雷罐车所选路径温度分布随时间变化曲线

　　鱼雷罐车运行末态，三种鱼雷罐车的外壳温度都已稳定，其中，添加保温层的罐车外壳温度远低于未添加保温层和添加普通保温层的鱼雷罐车，如图 5-5～图 5-7 所示，未添加保温层的罐车其罐壳温度可达近 280℃，而添加保温层的罐车外壳温度仅在 120℃以下。罐壳的高温直接导致大量的热量损失。当然，纳米绝热保温层带来良好保温效果的同时也存在着问题，由于材料的长期适用温度为 1000℃，而厚度过大的保温层，其热面温度常常高于 1000℃，因此，出于安全考虑，对于绝热保温层的应用，还必须考虑其厚度影响。

5.1.2　纳米孔绝热保温层厚度对鱼雷罐车保温效果的影响

　　图 5-8 所示为应用纳米孔绝热材料作为保温层，保温层厚度分别为 15mm、

10mm、5mm 的鱼雷罐车, 空罐运行 270min 后, 再次重罐运行 270min 的温度分布云图。可以看到保温层厚度越大, 其绝热效果越好, 表现为永久层和工作层温度的均匀化和永久层与保温层边界的明显分界。

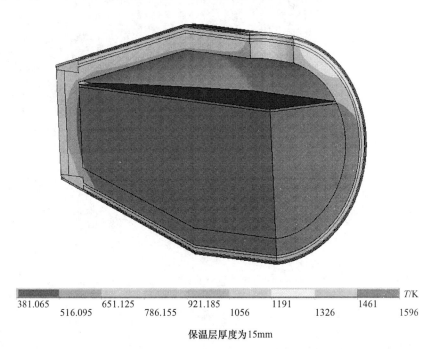

T/K

381.065   651.125   921.185   1191   1461
    516.095   786.155   1056   1326   1596

保温层厚度为15mm

T/K

400.44   665.665   930.889   1196.11   1461.34
    533.052   798.277   1063.5   1328.73   1593.95

保温层厚度为10mm

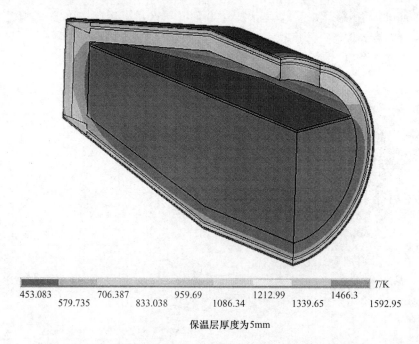

保温层厚度为5mm

图 5-8 保温层厚度对鱼雷罐车运行的末态温度分布的影响

图 5-9 所示为保温层厚度对铁水温度影响随时间变化曲线。由图 5-9 中可明显看到，增大保温层的厚度能够提升鱼雷罐车的保温性能，当保温层厚度由 5mm 增大至 15mm 时，其铁水温降值相差约 8℃。

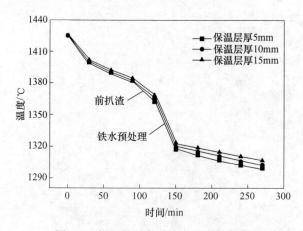

图 5-9 保温层厚度对铁水温度的影响

图 5-10 所示为保温层导热系数和厚度对铁水温降速率的影响。图中曲线 1 上的点 A、B、C 分别代表应用纳米孔绝热保温层、应用普通保温层和无保温层

的鱼雷罐车铁水运输过程平均温降速率，曲线 2 上的点 D、E、F 分别代表应用纳米孔绝热保温层厚度为 15mm、10mm 和 5mm 的鱼雷罐车铁水运输过程平均温降速率。从图 5-10 可以看出，纳米孔绝热材料的应用使鱼雷罐车保温性能得到很好的改进。原罐中铁水的温降速率为 0.5402℃/min，当使用纳米孔绝热材料后，其铁水的温降速率可减小至 0.4371℃/min。而纳米孔保温层厚度由 15mm 减小至 5mm 时，铁水的温降速率仅由 0.4371℃/min 上升至 0.4658℃/min。可见，即使使用很薄的纳米孔绝热材料作为鱼雷罐车的保温层，仍能起到很好的保温效果。

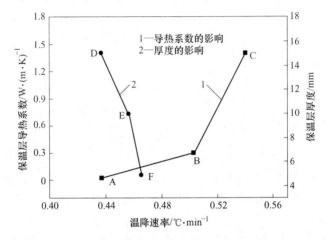

图 5-10　保温层导热系数和厚度对铁水温降速率的影响

另外，从所选路径温度分布可以看到，增大保温层厚度会使保温层热面温度急剧上升，如图 5-11 所示。使用 15mm 厚的纳米孔绝热保温层，则其热面工作温度达到 1016℃，长期在该温度下作业，会带来极大的安全隐患，综合考虑以上原因，经数学模拟计算结果显示，保温层的使用厚度应保证在 15mm 以下。

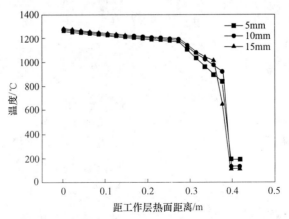

图 5-11　所选路径温度分布随保温层厚度变化曲线

5.2　纳米孔绝热材料在钢包中的应用

5.2.1　添加纳米孔绝热保温层对钢水温降的影响

为了研究纳米孔绝热材料对钢包保温效果的影响，采用有限元法计算保温层材料对钢水温度的影响。保温层材料的物理性质参数见表 5-2。其中材料 2 见表 5-1，材料 3 为绝热纤维。

表 5-2　钢包保温层的物理性质参数

参数	导热系数 /W·(m·K)$^{-1}$	比热容 /J·(kg·K)$^{-1}$	密度 /kg·m^{-3}
材料 2	0.033	800	523
材料 3	0.1	800	200

为便于比较，对无保温层、保温层使用材料 2 和材料 3 的钢包温度场进行模拟分析。钢包保温层厚度取 9mm，相应的永久层厚度为 91mm，工作层和包壳厚度不变，即保持钢包包衬尺寸和容积不变。钢包静置 15min 后，不同保温层厚度的钢包温度场分布如图 5-12 所示。从温度场分布图中可以看出，在钢包耐火衬中添加保温层后，钢包内壁温度上升，外壁温度下降，包衬的温降主要集中在保温层上。

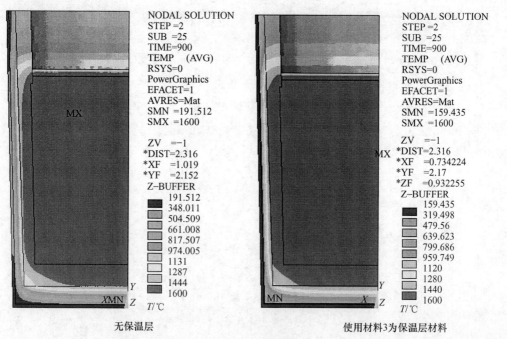

无保温层　　　　　　　　　　使用材料3为保温层材料

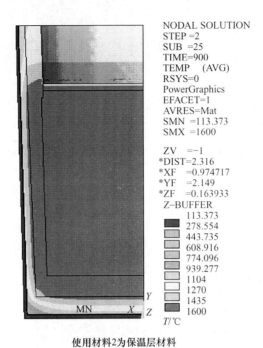

NODAL SOLUTION
STEP =2
SUB =25
TIME=900
TEMP (AVG)
RSYS=0
PowerGraphics
EFACET=1
AVRES=Mat
SMN =113.373
SMX =1600

ZV =-1
*DIST=2.316
*XF =0.974717
*YF =2.149
*ZF =0.163933
Z-BUFFER
113.373
278.554
443.735
608.916
774.096
939.277
1104
1270
1435
1600

使用材料2为保温层材料

图 5-12 保温层导热系数对钢包内温度分布的影响

保温层应用不同材料的钢包，其盛装钢水静置 15min 后的平均温度见表 5-3，钢水的温降速率随保温层导热系数的变化如图 5-13 所示。由表 5-3 可知，钢水静置 15min 后，应用保温层比无保温层的钢包，其钢水末态平均温度可提高 2.74℃，而使用纳米孔绝热保温层则可使钢水温度提高 5℃以上。

表 5-3 不同保温层材料的钢包中钢水的平均温度

材料	无保温层	材料 3	材料 2
平均温度/℃	1591.31	1594.05	1596.75

如图 5-13 所示，随着钢包保温层导热系数的减小，钢水的温降速率显著降低。同时，当钢包保温层为 9mm 厚时，若钢包的保温层材料导热系数减小至 0.1W/(m·K) 时，钢水的温降速率由 0.5793℃/min 降低到 0.3967℃/min，而应用实验室制得的绝热材料，钢水的温降速度可进一步降低到 0.2167℃/min。可见，与普通绝热材料相比，钢包加纳米孔绝热保温层后，能显著降低钢水的温降速率，明显提高钢包的保温效果。

钢包不加保温层与添加不同保温层后，包衬温度场变化的模拟结果如图 5-14 所示。沿钢包径向，包衬温度逐渐降低，由于保温层的导热系数很低，其温度梯

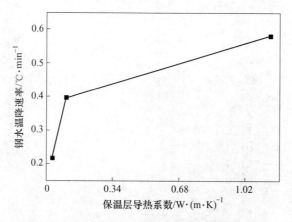

图 5-13   保温层导热系数与钢水温降速率的关系

度较大。随着保温层导热系数的减小，钢包外壁的温度随之下降，因此减少了通过外壳的辐射和对流的热损失。同时，使用保温层对钢包内壁的温度也有影响，若采用9mm的纳米孔绝热材料，钢包外壁的温度达到146.3℃，比应用普通保温层的钢包降低了117℃，通过与普通绝热材料相比可知，纳米孔绝热板能明显降低钢包外壁的温度，减少通过钢包包壁的对流和辐射传热，提高钢包的保温效果。由此可见，使用较小导热系数的保温层能够起到更好的保温效果。与鱼雷罐车类似，纳米孔绝热材料在钢包中的应用也受其工作温度的制约，因此，必须对纳米孔绝热保温层的厚度加以限制。

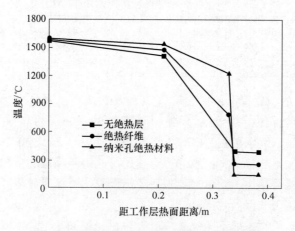

图 5-14   保温层导热对钢包包壁径向温度影响

5.2.2 纳米孔绝热保温层厚度对钢水温降的影响

为了研究所添加的纳米孔绝热保温层厚度对钢包保温效果的影响，采用有限元法模拟计算纳米孔绝热保温层不同厚度下钢水的温降速率，钢包保温层厚度分别取 5mm、7mm、9mm，相应的永久层厚度分别取 95mm、93mm、91mm，工作层和包壳厚度不变，即保持钢包包衬的尺寸和容积不变。

钢包静置 15min 后，不同保温层厚度的钢包温度场如图 5-15 所示。由图 5-15 可以看出，随着保温层厚度的增加，钢包内壁的温度增加。对比图 5-12 和图 5-15 所示钢包内温度分布图可以看出，增加保温层厚度对钢包内部温度分布的影响远不如应用不同材料的保温层对钢包内衬温度分布的影响大。

钢包静置 15min 后，纳米孔绝热保温层厚度对钢包内钢水的平均温度、钢水的温降速率的影响分别如表 5-4 和图 5-16 所示。由以上图表所示数值模拟计算结果可知，随着钢包保温层厚度的增加，钢包内钢水的平均温度略有增加，但其影响甚微；保温层厚度对钢水温降速率的影响趋势则与之相反，基本上是随着保温层厚度的增大，钢水的温降速率随之降低。当保温层的厚度从 5mm 增加至 9mm 时，钢水的温降速率从 0.2921℃/min 降低到 0.2167℃/min。

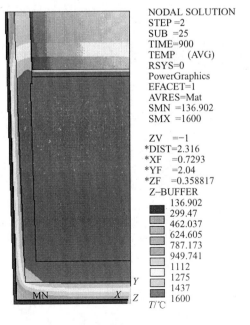

保温层厚度5mm

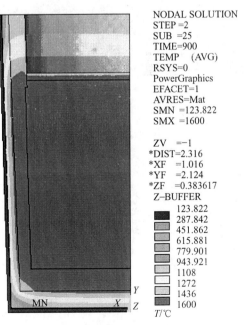

保温层厚度7mm

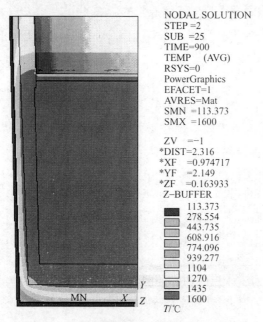

保温层厚度9mm

图 5-15 不同保温层厚度的钢包温度场云图

表 5-4 不同保温层厚度的钢包中钢水的平均温度

保温层厚/mm	5	7	9
平均温度/℃	1595.62	1596.24	1596.75

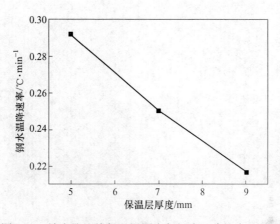

图 5-16 纳米孔绝热保温层厚度与钢水温降速率的关系

对于纳米孔绝热保温层厚度不同的钢包，其钢包包衬温度的变化曲线如图5-17所示。可见，由于钢包耐火衬中各层材料的导热系数不同，因此其温度梯度也不同。其中，工作层的导热系数较大，其冷面与热面间的温度变化较小；而纳米孔绝热保温层的导热系数最低，温度梯度最大，其冷面与热面之间的温度变化超过1000℃。保温层的厚度越大，永久层的温度梯度越小。纳米孔绝热保温层的厚度对钢包内壁的温度影响不大，但是对钢包外壁的温度有一定的影响。随着保温层厚度的增加，钢包外壁的温度显著下降。当其厚度增加至9mm时，钢包外壁的温度下降至146.29℃。但是，由于该材料的温度适用范围主要在1000℃，而5mm绝热板最高应用温度可达到1055℃，为保证材料应用的条件，要求在钢包中应用绝热板的厚度不能超过5mm。

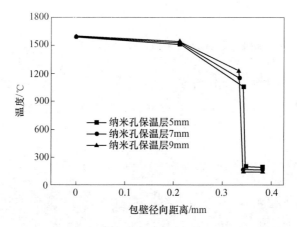

图5-17　纳米孔绝热保温层厚度对钢包包壁径向温度影响

5.3　模型验证及现场试验

图5-18所示为未添加保温层的鱼雷罐车原罐中铁水温降曲线与现场实测结果[4]的对比情况。

由于鱼雷罐车原型为某钢厂原罐，将鱼雷罐车原罐的数学模拟结果与某钢厂结构参数与模拟原型基本相同的现场实测结果进行比较，其中，鱼雷罐车的结构参数与耐火材料衬的物理性质见表2-1与表2-2。如图5-18所示，模拟结果很好地反映了鱼雷罐车内铁水温度的变化情况，但与实际情况相比仍有一定误差，分析产生误差的原因，可能是建立模型时，忽略了铁水因温度不均而产生的流动及对流换热情况。

由于国内尚未有纳米孔绝热材料应用于鱼雷罐车中，为了验证纳米孔绝热材

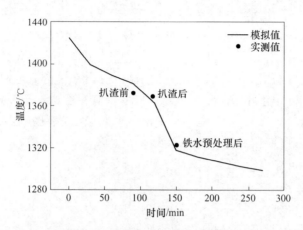

图 5-18 鱼雷罐车原罐铁水温度模拟值与实测值

料应用后的效果,在某钢厂的钢包中,在永久层与绝热层之间添加了实验室制得的纳米孔绝热材料 5mm。现场施工情况如图 5-19 所示。

图 5-19 钢包中添加纳米孔绝热层现场施工情况

经现场测量,未添加绝热层的原钢包外壳温度约为 400℃,比数学模拟结果外壳温度 390℃略高。测量结果表明,添加 5mm 保温层后,与应用普通国产保温材料相比,应用实验室制得的纳米孔绝热板可使钢包外壳温度下降约 100℃,这与本研究中模拟结果相差 110℃(图 5-20)基本相符。

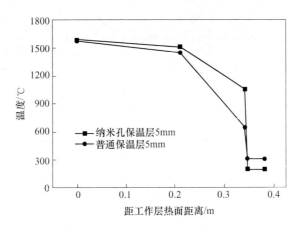

图 5-20 使用 5mm 不同材料保温层后钢包包壁径向温度变化

5.4 本 章 小 结

本章就所研究开发的纳米孔绝热材料在鱼雷罐车和钢包上的应用进行了数值模拟计算，对其保温效果进行了评定；此外，对数值模拟模型进行了验证，并对纳米孔绝热材料在钢包上的应用进行了现场试验，得到如下结论：

（1）将纳米孔绝热材料作为保温层引入到鱼雷罐车和钢包中，可有效提高鱼雷罐车和钢包的保温性能，并提高其蓄热能力。

（2）对于鱼雷罐车来说，应用 15mm 纳米孔绝热保温层后，铁水在 270min 的运行过程中比未添加绝热保温层的鱼雷罐车内铁水温降减小近 28℃，其末态钢壳温度约为 115℃，远低于使用普通绝热材料为保温层的鱼雷罐车外壳温度（230℃）。

（3）对于钢包来说，应用 9mm 纳米孔绝热保温层后，钢水在 15min 的静置后，比未添加绝热保温层的钢包内钢水温降减小 5℃以上，其钢壳温度可达到 146℃，远低于使用普通保温层的 263℃。

（4）相对于减小鱼雷罐车、钢包保温层材料的导热系数，增加保温层的厚度在一定程度上可以提高容器的保温性能，但其对保温性能的提高程度有限。

（5）由于实验制得的纳米孔绝热材料长期应用的温度为 1000℃，保温层厚度过大时，保温层热面工作温度会达到 1000℃以上，为保证实际应用的安全性，建议鱼雷罐车纳米孔保温层的厚度不超过 15mm，钢包纳米孔保温层的厚度不超过 5mm。

（6）经过与鱼雷罐原包及添加纳米孔绝热保温层钢包的实际测量值的对比，

证明模拟结果与实际情况相符良好。

通过以上结论，本研究认为纳米孔绝热材料的添加可以有效地提高容器的保温性能，但在应用中必须注意其厚度的限制，以期在保证良好的保温性能的同时，保证使用的安全性。

6 结果与讨论

通过本研究，获得以下主要结论：

（1）铁水和钢水在运输、贮存过程中温降的影响因素众多，其中耐火材料衬的导热系数对其影响最为显著。当鱼雷罐车工作层材料的导热系数由 $15W/(m \cdot K)$ 减小到 $5W/(m \cdot K)$ 时，可使其罐壳温度由 290℃ 降低至 220℃。而永久层的导热系数由 $1.5W/(m \cdot K)$ 减小至 $0.5W/(m \cdot K)$ 时，罐壳温度则可进一步降至 185℃。当钢包永久层的导热系数减小至 $0.5W/(m \cdot K)$ 时，钢包外壳温度可降低至 222℃。应用导热系数越小的材料，容器的保温效果越好。

（2）在永久层与钢壳之间添加一层导热率较低的保温层可使鱼雷罐车和钢包获得良好的保温性能。研究表明，在鱼雷罐车永久层与钢壳之间添加 16mm 导热系数为 $0.1W/(m \cdot K)$ 的保温层，可使铁水平均温度提高约 10℃，而其罐壳外部温度可降低至 155℃。在钢包中使用 10mm 导热系数为 $0.1W/(m \cdot K)$ 的保温材料可以使末态钢水温度提高 2.94℃，钢壳温度下降至 267℃。

（3）气相 SiO_2 粉体是制备 SiO_2 纳米粉末基超绝热材料的优良基体材料，在气相 SiO_2 基体中添加纤维等添加剂，通过机械融合方式混料，可以获得在 1000℃ 的导热系数小于 $0.023W/(m \cdot K)$ 的纳米孔超级绝热材料。

（4）通过添加质量分数 5% 的片状硬质硅酸钙颗粒进行耐压强度的增强是可行的，此时对应试样的导热系数虽小幅度地上升至 $0.033W/(m \cdot K)$，但同时其耐压强度（被压缩 10% 时）则相应升高至 0.31MPa。将纳米孔绝热材料的成型压力由 2MPa 提高至 5MPa 时，材料的密度由 $307kg/m^3$ 增大至 $523kg/m^3$，耐压强度由 0.25MPa 显著升高至 1.29MPa，导热系数则由 $0.023W/(m \cdot K)$ 升高至 $0.033W/(m \cdot K)$。在其中添加 5% 硬质硅酸钙时，则可使其耐压强度显著增大至 1.60MPa，而其导热系数则升高至 $0.038W/(m \cdot K)$。

（5）添加绝热保温层可以有效地提高鱼雷罐车和钢包的保温性能。与一般的鱼雷罐车、钢包相比，使用纳米孔绝热保温层能够使钢壳温度保持在较低的水平，使内部耐火材料衬温度保持在较高的水平，进而提升耐火材料衬整体的保温性能。对于鱼雷罐车来说，应用 15mm 保温层在铁水重罐运输末态其钢壳温度约为 115℃，远低于使用普通绝热材料为保温层的鱼雷罐车外壳温度（230℃）。对于钢包来说，应用 9mm 保温层的钢包静置 15min 后，钢壳温度可达到 146℃，较使用普通保温层的钢包低 117℃。容器外壳温度的降低不仅减少了热量向外界的传输，还减小了罐壳承受的热应力。相对于减小鱼雷罐车、钢包保温层材料的导热系数，增加保温层的厚度在一定程度上可以提高容器的保温性能，但其对保温性能的影响有限。

（6）由于实验制得的纳米孔绝热材料长期应用的温度为1000℃，保温层厚度过大时，保温层热面工作温度会达到1000℃以上，为保证实际应用的安全性，建议鱼雷罐车纳米孔保温层的厚度不超过15mm，钢包纳米孔保温层的厚度不超过5mm。

通过以上结论，本研究认为添加实验室制备的纳米孔绝热材料作为保温层可以有效地提高鱼雷罐车、钢包的保温性能，但在应用中必须注意其厚度的限制，以期在保证良好的保温性能的同时，保证使用的安全性。

参 考 文 献

[1] 苏天森. 炉外处理技术的发展和优化 [J]. 中国冶金, 2004 (2): 1-5.

[2] 刘浏. 炉外精炼工艺技术的发展 [J]. 炼钢, 2001, 17 (4): 1-6.

[3] 萧忠敏, 刘良田, 郑万, 等. 炉外处理技术在武钢的应用 [J]. 炼钢, 2000, 16 (6): 13-21.

[4] 向顺华, 周仁义, 刘铁树, 等. 宝钢铁水输送过程中温度预报传热模型的研究 [J]. 冶金自动化, 2002, 26 (2): 23-26.

[5] 陈义峰, 蒋国璋, 李公法. 新型钢包保温节能衬体对钢包温度及保温性能的影响 [J]. 机械科学与技术, 2012, 31 (11): 1796-1800.

[6] 赵贤平, 刘东, 方善超, 等. 钢包及中间包的保温性能 [J]. 钢铁研究学报, 2005, 17 (6): 26-29.

[7] 张燕. 鱼雷罐车的隔热 [J]. 耐火与石灰, 2007, 32 (1): 31-33.

[8] 况作尧. 大型冶金企业铁水运输方式的现状分析与发展 [J]. 铁道车辆, 2008, 46 (11): 29-31.

[9] 杨成厚. 鱼雷型混铁车构造理论探讨 [J]. 现代机械, 1992 (4): 37-39.

[10] 殷瑞钰. 冶金流程集成理论与方法 [M]. 北京: 冶金工业出版社, 2013.

[11] 钱开华. 混铁车发展概况 [J]. 重型机械, 1983 (10): 1-5.

[12] 刘伟, 刘成强, 蔡国庆, 等. 混铁车用耐火材料的应用与发展 [C]. 钢铁工业用优质耐火材料生产与使用经验交流会, 2005: 173-175.

[13] 潘秀兰, 王艳红, 梁慧智, 等. 铁水预处理技术发展现状与展望 [J]. 世界钢铁, 2010 (6): 29-36.

[14] 邓崎琳, 萧忠敏, 刘振清, 等. 铁水脱硫预处理技术在武钢的应用 [J]. 炼钢, 2002, 18 (1): 9-22.

[15] 杨世山. 铁水预处理与纯净钢冶炼 [J]. 中国冶金, 2003 (8): 12-29.

[16] 徐大勇, 刘常鹏, 杨大正, 等. 铁水温度分析的价值和评价 [J]. 冶金能源, 2007, 26 (3): 7-9.

[17] Gruber D, Auer T, Harmuth H, Zirkl R. Thermal and thermo-mechanical modeling of a 300t torpedo ladle [J]. 9th Biennial Worldwide Congress on Refractories, United States, 2006: 896-899.

[18] Hlinka J W, Smith A P. Method of controlling the temperature of molten ferrous metal [P]. United States Patent, USA, 1971.

[19] 杨圣发, 张晓丽, 吴懋林, 等. 铁水输送过程中的在线温度预测模型 [J]. 冶金自动化, 2002, 26 (4): 10-14.

[20] 吴懋林, 张永宏, 杨圣发, 等. 鱼雷罐铁水温降分析 [J]. 钢铁, 2002, 37 (4): 12-15.

[21] 宋利明, 姜华, 荣军, 等. 鱼雷罐车铁水温度及其内衬温度测试 [J]. 冶金能源, 2012, 31 (4): 59-61.

[22] Chen En-Sheng, Frechette, Marc-H. Thermal insulation of torpedo cars [J]. Iron and Steel Technology Conference Proceedings, 2005 (1): 773-780.

[23] 焦晓渝, 知水. 铁水预处理工艺中有关温降的问题 [J]. 冶金能源, 1986, 5 (6): 13-17.

[24] 张道胜. 梅钢铁水鱼雷罐温降因素分析及改进措施 [J]. 现代冶金, 2010, 38 (3): 75-77.

[25] 荣军, 姜华, 宋利明, 等. 宝钢混铁车保温改造效果评估算法 [J]. 材料与冶金学报, 2006, 5 (2): 90-97.

[26] 刘凤霞. 阿克默钢公司鱼雷罐耐火材料和行车制度的改进 [J]. 国外耐火材料, 1995 (4): 37-40.

[27] 刘爱云. 韦尔顿钢铁公司的整体鱼雷式铁水罐内衬 [J]. 国外耐火材料, 1997 (12): 44-47.

[28] 刘占增, 郭鸿志. 钢包传热研究的发展与现状 [J]. 钢铁研究, 2007, 35 (1): 59-62.

[29] 刘敬龙, 金恒阁, 刘世坚, 等. 浅谈炉外精炼技术 [J]. 河南冶金, 2004, 12 (2): 7-12.

[30] 董长征, 曾建立, 潘艳华, 等. 武钢 CSP 连铸提高钢包寿命的生产实践 [J]. 炼钢, 2012, 28 (3): 19-32.

[31] 张兴业, 李宗英. 我国钢包用耐火材料的品种及应用 [J]. 山东冶金, 2007, 29 (2): 11-15.

[32] 张道琨. 盛钢桶用耐火材料 [J]. 耐火材料, 1982 (6): 38.

[33] 张威, 刘晓峰, 朱光俊, 等. 炼钢厂钢水温降研究现状 [J]. 重庆科技学院学报, 2005, 7 (4): 34-44.

[34] Nath N K, Mandal K, Singh A K, et al. Ladle furnace on-line reckoner for rediction and control of steel temperature and composition [J]. Ironmaking and Steelmaking, 2006, 33 (2): 140-150.

[35] Xia J L, Ahokainen T. Transient flow and heat transfer in a steelmaking ladle during the holding period [J]. Metallurgy and Materials Processing Science, 2001, 32 (4): 733-741.

[36] 沈钢. 影响连铸钢水温度诸因素分析 [J]. 炼钢, 1991, 32 (3): 26-29.

[37] Olika B, Bjorkman B. Prediction of steel temperature in ladle through time temperature simulation [J]. Scandinavian Journal of Metallurgy, 1993, 22 (4): 213-220.

[38] Zoryk A, Reid P M. On-line liquid steel temperature control [J]. I&S Maker, 1993, 20 (6): 21-27.

[39] 野村修, 内田茂树. Heat-transfer analysis of various ladle refractory linings [J]. Shinagawa Technical Report, 2000 (43): 23-34.

[40] 金从进, 邱文冬, 汪宁. 烘烤过程钢包包壁温度场的有限元研究 [J]. 耐火材料, 2001, 35 (1): 24-25.

[41] 刘晓, 顾文斌, 王洪兵, 等. 钢包的热分析 [J]. 宝钢技术, 1998 (5): 6-11.

[42] 贺东风, 徐安军, 吴鹏飞, 等. 炼钢厂钢包热状态跟踪模型 [J]. 北京科技大学学报,

2011（1）：110-115.

[43] 王志刚，李楠，孔建益，等．钢包底温度场和应力场数值模拟［J］．冶金能源，2004，23（4）：16-25.

[44] 张莉，徐宏，崔建军，等．特大型钢包烧烤过程包过表面温度场研究［J］．钢铁，2006，41（11）：29-31.

[45] 张先棹．冶金传输原理［M］．北京：冶金工业出版社，2005：198-208.

[46] 孙彦广，高克伟，陶百生．基于智能技术的钢水温度软测量［J］．仪器仪表学报，2002，23（3）：754-755.

[47] 齐晖．混铁车罐体传热与应力的有限元计算［D］．沈阳：东北大学，2004.

[48] González L，Fernández M F，González R，et al. Thermal modeling of a torpedo-car［J］. Rev. Metal. Madrid，2005，41：449-455.

[49] 王学敏．混铁车罐体温降过程的有限元模拟［D］．沈阳：东北大学，2003.

[50] Paschkis V. Temperature drop in pouring ladles［J］. Transactions AFS，1956，64：565-576.

[51] Hoppmann W，Fett F N. Energy balance of a ladle furnace［J］. MPT，1989（3）：38-42.

[52] Henzel J G，Keverian J R. Ladle temperature loss［C］. Proeeedings of Electric Furnace Conference，1961：435-453.

[53] Hlinka J W，Miller T W. Temperature loss in liquid steel-refractory systems［J］. Iron and Steel Engineer，1970（8）：123-133.

[54] Gaston A，Medina M. Thermal modeling of casting ladles：High-alumina，dolomite，magnesite and magnesina-graphite refractories［J］. Iron&Steel Maker，1996（1）：29-35.

[55] Toshiaki Okimura etc. Reduction of molten steel temperature drop with improvement of ladle lining［J］. Shinagawa Technical Report，2001，41：113-116.

[56] 陆金甫．偏微分方程数值解法［M］．北京：清华大学出版社，2004：217-240.

[57] Natarajan T T，El-Kaddah N. Three dimensional finite element simulation of electromagnetically driven flow in sub-mold stirring of steel slabs［J］. Steelmaking Conference Proceedings，1999，32（5）：437-444.

[58] 邹宁宁，鹿成斌，张德信．绝热材料应用技术［M］．北京：中国石化出版社，2005：74-100.

[59] 李红霞．耐火材料手册［M］．北京：冶金工业出版社，2007：582.

[60] 伍林，杨贺，易德莲．保温材料的技术现状和发展趋势［J］．山西建筑，2005，31（19）：1-2.

[61] 符敬慧．我国绝热材料生产现状及发展趋势［J］．建筑节能，2006（8）：49-51.

[62] 王小雅，曹云峰．新型纤维材料——陶瓷纤维［J］．纤维素科学与技术，2012，20（1）：80-84.

[63] 朋改非，冯乃谦．水化硅酸钙的接触硬化特征［J］．新型建筑材料，1993（3）：17-20.

[64] 张寿国，谢红波，李国忠．硅酸钙保温材料研究进展［J］．建筑节能，2006，34（189）：28-30.

[65] 徐惠忠，周明．绝热材料生产及应用［M］．北京：中国建材工业出版社，2001：1-20.

［66］ 吴舜英，马小明，徐晓. 泡沫塑料成型机理研究［J］. 材料科学与工程，1998，16（3）：30-33.

［67］ 王忠滨. 复合硅酸盐保温材料的技术和应用［J］. 黑龙江石油化工，2002，13（1）：24-26.

［68］ 李海乐. 复合硅酸盐绝热材料现状及发展［J］. 新疆化工，2010（3）：10-11.

［69］ 孙晓旭. 复合硅酸盐保温材料的性能及应用［J］. 热电技术，2008（3）：26-27.

［70］ 高官俊，王克冰，胡瑞生，等. 浅谈废旧发泡聚苯乙烯的综合利用［J］. 内蒙古科技与经济，2004（17）：86.

［71］ 郑其俊. 绝热材料的发展与应用［J］. 保温材料与建筑节能，2002（6）：44-47.

［72］ Kocon L，Despetis F，Phalippou J. Ultralow density silica aerogels by alcohol supercritical drying［J］. J Non-Crystal Solids，1998，225：96-110.

［73］ Lysenko V. Study of nano-porous silica with low thermal conductivity as thermal insulating material［J］. J. Porous Materials，2000，7（1）：177-182.

［74］ Fricke J，Tillotsin T. Aerogels：production，characterization，and applications［J］. Thin Solid Films，1997，297（1）：212-223.

［75］ Jochen，Fricke. Aerogel and their applications［J］. Journal of Noncrystalline Solids，1992，219：356-362.

［76］ 倪文，张丰收. 热流在多孔层绝热材料中的传导原理及绝热材料的优化设计［J］. 新型建筑材料，2001（2）：31-33.

［77］ Schlegel E，Haeussler K S，Seifat H. Micro-porosity andits use in highly efficient thermal insulating materials［J］. CIF Ceramic Forum International，1998，76（8）：7-10.

［78］ 徐庭. SiO_2 纳米微孔绝热材料的制备和性能研究［D］. 上海：华东理工大学，2012.

［79］ 邓蔚，钱立军. 纳米孔硅质绝热材料［J］. 宇航材料工艺，2002（1）：1-7.

［80］ 梁庆宣. 水镁石纤维增强 SiO_2 气凝胶超级绝热材料研究［D］. 西安：长安大学，2006.

［81］ Caps R，Fricke J. Thermal conductivity of opacofied powder filler materials for vacuum insulations［J］. International J Thermophysics，2000，21（2）：445-452.

［82］ Kistler S S. Coherent expanded aerogels and jellies［J］. Nature，1931，127：741.

［83］ 张娜，张玉军，于延军，等. SiO_2 气凝胶制备方法及隔热性能的研究进展［J］. 陶瓷，2006（1）：24-26.

［84］ 高士忠，李建强，赵耀，等. 气相法二氧化硅生产过程及其应用特性［J］. 中国氯碱，2009（9）：24-27.

［85］ 李颖，高凤英. 我国气相法二氧化硅的生产状况及其应用［J］. 氯碱工业，2009，45（7）：1-8.

［86］ 杨自春，陈德平. SiO_2 纳米多孔绝热材料的制备与绝热性能研究［J］. 硅酸盐学报，2009，37（10）：1740-1743.

［87］ 封金鹏，陈德平，倪文，等. 锆英石对纳米 SiO_2 多孔绝热材料绝热性能的影响［J］. 宇航材料工艺，2010（2）：20-23.

［88］ Smith D R，Hust J G. Microporous fumed-silica insulation board as a candidate standard reference material of thermal resistance [J]. US National Institute of Standards and Technology MD, 1989.

[89] Abe H, Abe I, Sato K, et al. Dry powder processing of fibrous fumed silica compacts for thermal insulation [J]. J the American Ceramic Society, 2005, 88 (5): 1359-1361.

[90] Abe I, Sato K, Abe H, et al. Formation of porous fumed silica coating on the surface of glass fibers by a dry mechanical processing technique [J]. Advanced Powder Technology, 2008, 19 (3): 311-320.

[91] Feng J P, Chen D P, Ni W, et al. Effect of fumed titanium oxide on thermal stability of nano-silica thermal insulating composites [J]. Advanced Materials Research, 2011, 284-286 (4): 102-105.

[92] Shi X, Zhang S C, Chen Y F, et al. Effects of infrared scattering powders on the thermal properties of porous SiO_2 insulation material [J]. Stafa: Trans Tech Publications Ltd, 2010: 689-692.

[93] 曾令可, 曹建新, 刘世明, 等. SiO_2气凝胶-硅酸钙复合纳米孔超级绝热材料导热系数的测定及绝热机理分析 [C]. 中国材料研究学会, 中国材料研讨会—中美材料国际研讨会, 2008.

[94] 廖彬生, 侯兴. 转炉入炉铁水温度低的原因分析及其对炼钢的影响 [J]. 江西冶金, 2003, 23 (2): 4-7.

[95] 杨世山, 尹卫平, 许伟迅, 等. 铁水预处理与纯净钢冶炼 [J]. 中国冶金, 2003 (8): 12-29.

[96] 陈树国, 姜进强, 贾秀英. 济钢 120t 转炉进铁方式探讨 [J]. 山东冶金, 2003, 25 (S2): 124-126.

[97] 钱之荣, 范广举. 耐火材料实用手册 [M]. 北京: 冶金工业出版社, 1992.

[98] 杨贤荣. 辐射换热角系数手册 [M]. 北京: 国防工业出版社, 1982.

[99] Sparrow E M, Cess, R D. Radiation Heat transfer [M]. Washington: Hemisphere Publishing Corporation, 1978.

[100] 王志刚, 李楠, 孔建益. 钢包底温度场和应力场数值模拟 [J]. 冶金能源, 2004, 23 (4): 16-25.

[101] 刘涛, 王慧, 曾令可, 等. SiO_2纳米孔超级绝热材料的研究现状 [J]. 陶瓷, 2007 (7): 45-49.

[102] 沈军, 周斌, 吴广明, 等. 纳米孔超级绝热材料气凝胶的制备与热学特征 [J]. 过程工程学报, 2002, 2 (4): 341-345.

[103] 杨淑勤. 红外遮光剂在绝热材料中的应用及其作用机理 [D]. 北京: 北京科技大学, 2008.

[104] Walter H, Schmidt, et al. Experience report on microporous heat insulation boards in steel industry plants [J]. Heat Processing, 2006, 3 (4): 200-202.

[105] 杨海龙, 倪文, 孙陈诚, 等. 硅酸钙复合纳米孔超级绝热板材的研制 [J]. 宇航材料工艺, 2006, 2: 18-22.

［106］汪明飞，童跃进，张志建，等．沉淀二氧化硅的改性及其性能研究［C］.2011 全国无机硅化物行业年会，2011：66-71.

［107］吴谋成．仪器分析［M］.北京：科学出版社，2003：79-80.

［108］Pliniop I. Infrared spectroscopy of sol-gel derived silica-based films：A spectra-microstructure overview［J］. J Non-Crystalline Solids，2003，316（2）：309-319.

［109］佟树勋，张丽君，施丹昭，等．表面活性剂使白炭黑改性的研究［J］.东北大学学报，2002，23（3）：306.

［110］孔令彦，王剑华．超细二氧化硅的表面改性及表征［J］.技术与研究，2006，6：39-42.

［111］欧阳兆辉，伍林，李孔标，等．气相法改性纳米二氧化硅表面［J］.化工进展，2005，24（11）：1265-1268.

［112］陈和生，孙振亚，邵景昌．八种不同来源二氧化硅的红外光谱特征研究［J］.硅酸盐学报，2011，30（4）：934-937.

［113］Graetsch H，Gies H，Topalovic I. NMR，XRD and IR study on microcrystalline opals［J］. Phys Chem Minerals，1994，21：166-175.

［114］Etchepare J，Merian M，Kaplan P. Vibrational normal modes of SiO_2 II Cristobalite and tridymite［J］.1978，The Journal of Chemical Physics，68（4）：1531-1537.

［115］陈宏善，季生福，牛建中，等．无定型氧化硅转变为 α-方石英的振动光谱［J］.物理化学学报，1999，15（5）：454-456.

［116］郭海珠，余森．实用耐火原料手册［M］.北京：中国建材工业出版社，2000：179.

［117］吴新正，邓湘云，李建保，等．α-石英方石英转变的研究［J］.材料工程，2009（S2）：67-69.

［118］Dong L，Scott M，Hyuk K，et al. Effect of nano-coating on the thermal conductivity of microporous thermal insulations［J］. J Korean Physical Society，2009，54（3）：1119-1122.

［119］陈林权，范启星．钢包内衬耐火材料的选择与使用［J］.炼钢，2002，18（4）：40-43.

［120］袁彬．鱼雷罐车倾翻角度的分析与改进［J］.梅山科技，2013（3）：19-20.